LA LIGUE

CONTRE

LE PHYLLOXERA

OU

MOYENS POUR CONSERVER LES VIGNES

PAR UN PROPRIÉTAIRE ROUSSILLONNAIS

PERPIGNAN

TYPOGRAPHIE DE CHARLES LATROBE

1, Rue des Trois-Rois, 1.

—

1879

LA LIGUE

CONTRE

LE PHYLLOXERA

OU

MOYENS POUR CONSERVER LES VIGNES

PAR UN PROPRIÉTAIRE ROUSSILLONNAIS

PERPIGNAN

TYPOGRAPHIE DE CHARLES LATROBE

1, Rue des Trois-Rois, 1.

1879

LA LIGUE

CONTRE

LE PHYLLOXERA

OU

Moyens pour conserver les Vignes.

L'année dernière, lorsqu'il fut constaté que le Phylloxera, qui a déjà détruit tant de vignobles et produit tant de ruines, avait pénétré dans notre département et exerçait ses ravages ordinaires dans le troisième arrondissement, près de Prades, un mouvement de stupeur se produisit d'une manière générale, mais plus particulièrement chez les propriétaires de vignes. Néanmoins, on eut bientôt l'espoir que la crainte grossissait le mal et qu'il n'y aurait que peu de parties infectées, qu'il serait facile de circonscrire. Car on avait foi dans les progrès de la science et l'on espérait beaucoup de la bonne volonté des hommes qui composent le Comité Départemental contre l'Invasion du Phylloxera.

En effet, ces Messieurs ont organisé immédiatement les moyens pour appliquer les remèdes curatifs et préventifs que les autres commissions départementales avaient expérimentés ailleurs. Leur zèle n'a fait défaut nulle part; mais le Phylloxera ayant opéré son travail souterrain bien au-delà de leurs cordons sanitaires, sa présence était bientôt constatée dans les vignobles du deuxième arrondissement. Donc il n'avait pu être arrêté par les premiers moyens d'attaque. Et voilà que maintenant sa prise de possession est trop étendue pour que nos illusions subsistent encore. Les efforts de notre Commission Départementale ne pourront l'arrêter et à la nouvelle pousse de la vigne nous reconnaîtrons malheureusement que, tandis que nous avions calmé nos inquiétudes premières, les effets de destruction ne paraissant pas en hiver, le terrible puceron n'en continuait pas moins ses ravages, et nos beaux vignobles de la plaine subiront aussi son atteinte, pour nous prouver que notre département n'est pas à l'abri du fléau.

Nous subirons les effets que nous avons vus se produire ailleurs, dans les départements du Midi, où la vigne avait procuré une grande prospérité qui a servi à former des réserves malgré les habitudes confortables, luxueuses même, qui avaient pénétré dans toutes les classes de la population.

Ces réserves ont permis de supporter patiemment la nouvelle situation faite par une culture moins productive quoique nécessitant beaucoup moins de bras.

Le travail a diminué, les ressources anciennes se sont épuisées, les caves se sont dégarnies de leurs foudres que nous avons vus passer sur nos chemins de fer comme des fantômes d'une prospérité passée. L'émigration des hommes a dû suivre celle du mobilier des caves, nous voyons maintenant ces anciens travailleurs des vignes perdues venir demander aux nôtres les ressources qu'elles peuvent fournir encore pour leurs familles. D'autres, plus libres, franchissent la mer et vont porter ailleurs leur force et leur expérience pour aider à créer de nouveaux vignobles, destinés à remplacer ceux qui font encore aujourd'hui notre prospérité et qui feront demain, peut-être, notre regret.

Ce n'est pas par tempérament d'un esprit chagrin et pessimiste que nous disons cela, mais c'est afin de nous mettre d'accord avec la réalité, sans complaire aux illusions de nos désirs.

Le Phylloxera, tout en multipliant ses victimes, ne s'est pas attaqué pourtant à des propriétaires insouciants et portés à se courber sous le joug de la fatalité. Bien au contraire, ils ont agi virilement ; ils ont demandé à la science d'étudier les mœurs de leur ennemi, de chercher les agents chimiques qui pourraient contrarier son existence et donner à la vigne une vigueur capable de lutter contre lui. Des sommes considérables ont été employées pour appliquer successivement tous les remèdes indiqués ; on a mis en pratique la maxime : Aide-toi et le Ciel t'aidera. Il en a coûté à ces hommes pour se faire à l'idée que leurs vignes pourraient mourir, mais il a bien fallu se rendre à l'évidence et reconnaître que les ceps noirs étaient bien morts, comme le cadavre de l'enfant que l'on aura soigné pendant de longues nuits et qui vous apparaît un jour pâle et inanimé pour terminer par une terrible douleur les angoisses d'espoir et de sacrifice que nous avions subies pendant sa maladie.

Rien n'a pu arrêter la destruction des vignobles et sans être abattus complétement, mais instruits par les leçons de l'expérience, ces hommes, premiers lutteurs, nous disent maintenant, en nous voyant sous l'influence du même espoir qu'ils avaient eu dans les remèdes prônés : Nous aussi, nous croyions qu'avec les soins énergiquement appliqués, nous pourrions conserver nos vignes ; mais nul remède n'a pu les guérir ; nous les avons perdues et avec elles, des sommes importantes destinées à l'application de remèdes dont l'effet a été nul. Ainsi donc, si votre vignoble est sérieusement attaqué, ne luttez pas comme nous l'avons fait et conservez vos ressources, vous en aurez besoin.

Par conséquent, la crainte de voir nos vignobles roussillonnais perdus et anéantis n'est pas puérile, ni peu fondée, car l'expérience de ce qui arrive ailleurs doit nous servir pour nous faire considérer en face l'étendue du mal qui résulterait d'un pareil malheur.

La majeure partie de nos terres à vignes n'est guère propice à une autre culture rémunératrice ; une longue expérience l'a prouvé, alors que la main-d'œuvre était moins chère, la soumission plus grande et les habitudes moins exigeantes, la terre nourrissait maigrement une population peu nombreuse. Si nos vignes disparaissent, nous devrons nécessairement revenir au temps passé. Cette malheureuse perspective doit nous engager à ne pas suivre entièrement les conseils des propriétaires tombés dans la misère dans les autres départements ; mais nous engager plutôt à chercher le moyen de faire mieux qu'eux pour conserver nos vignobles.

C'est la recherche de ces moyens de conservation qui doit former la Ligue contre le Phylloxera mise en tête de nos considérations.

Pour lutter contre le Phylloxera, il a été indiqué et il existe plusieurs moyens que nous allons examiner.

Sachant que le Phylloxera est un puceron très petit, invisible à l'œil nu, qui se place sur les racines de la vigne pour se nourrir de leur sève et qui provoque par ses piqûres la désorganisation des fibres, ce qui est cause que les racines fonctionnent mal d'abord, puis pas du tout et finissent par laisser mourir le cep au bout de la 3e année au plus tard, on a d'abord cherché un agent chimique qui put détruire cet insecte et l'on a trouvé le sulfure de carbone qui tue, en effet, le phylloxera mis à la portée des émanations de cette substance.

Puis on a trouvé le moyen de porter le sulfure de carbone dans la région des racines, avec un pal creux qu'on enfonce dans la terre, et portant le liquide là où il a pu pénétrer.

Il est facile de comprendre que le pal en fer, en s'enfonçant, fait un déplacement de la terre qui ne fait la place au pal que par le resserrement des molécules qui s'opère sur les côtés. Donc on produit une chambre qui sera d'autant mieux fermée aux côtés que la terre sera plus argileuse ; et c'est précisément dans ces terres fortes que se trouvent principalement nos vignes de la plaine. Quand donc le sulfure de carbone aura été mis au fond de cette chambre, alors même qu'on veuille l'y enfermer par le tassement d'un bouchon de terre mis à l'orifice du trou produit par le pal, il est certain que les émanations du sulfure de carbone se frayeront une issue par là partie la plus faible de leur cellule et cette partie la plus faible n'est pas au fond ni aux côtés ; elle ne peut être, par conséquent, que vers la superficie du trou de la terre : donc le dégagement se fera de bas en haut, détruisant le puceron mis à la portée des influences morbides ; mais il ne pourra atteindre, sur les côtés, les racines phylloxérées placées même à peu de distance.

Cette action physique et toute naturelle démontre comment un agent qui détruit réellement le Phylloxera, n'en débarrasse pas une vigne, par la raison que cet agent destructeur ne peut être mis en contact avec toutes les racines, quel que soit le nombre des trous que l'on fasse dans la terre et quelle que soit la sagacité de l'opérateur, pour reconnaître par intuition de quel côté se trouvent les racines. C'est ce qui explique pourquoi les vignes ainsi traitées n'ont pas été guéries ni préservées.

De plus, le sulfure de carbone qui tue le Phylloxera détruit aussi la souche quand la dose a été trop grande et que les racines principales près du collet du cep ont subi ses effets avec excès. Donc ce moyen peu curatif sur les terres fortes argileuses ne peut sauver nos vignes de la plaine en Roussillon. Et il sera encore moins efficace pour les vignes de nos coteaux. Car là, domine la roche schisteuse qui présente les couches de stratification dans le sens plus ou moins perpendiculaire à la surface du sol. Les racines pénètrent dans ces couches possédant entre elles un léger enduit d'argile et il serait difficile au praticien le plus exercé de préciser quelle est la direction des racines appartenant à un cep qui vit sur nos coteaux. En sorte que le pal en fer, enfoncé au hasard, quand la souplesse du sol permettra cet enfoncement, ne pourra pénétrer que dans une partie où se trouvent peu de racines et peut-être portera-t-il le sulfure de carbone dans une couche à côté des racines, et dans tous les cas la nature même du sol et de la roche s'oppose entièrement à ce que l'effet du sulfure se produise sur les côtés. Il faut nécessairement qu'il remonte à la surface de la terre par le passage qui a été pratiqué perpendiculairement, puisque de chaque côté se trouvent les plaques juxtaposées du rocher. Ce n'est donc pas au moyen des injections du sulfure de carbone ou des sulfo-carbonates que nous pourrons sauver nos vignobles des coteaux.

Un autre moyen indiqué pour conserver les vignes est celui de la submersion. On comprend de suite que ce moyen ne peut être employé que dans de rares exceptions, même en plaine, dans les pays pouvant disposer d'un certain volume d'eau. M. Faucon, qui s'est occupé spécialement de la submersion des vignes et en a éprouvé plusieurs mécomptes, nous dit dans ses écrits qu'une vigne submergée dont la sève descendante n'aurait pas encore accompli cette opération, est étouffée par le séjour prolongé de l'eau et en meurt. Il ajoute que le Phylloxera jouit d'une propriété amphibie qui lui permet de vivre longtemps dans l'eau et que pour réduire à néant cette petite existence si frêle, en apparence, il ne faut pas moins de deux submersions entretenues au même niveau avec le plus grand soin jusqu'au collet des ceps; la première faite en automne après la descente complète de la sève et suspendue après une durée de trente-cinq jours, pour ne pas tuer la vigne, et la seconde opérée en hiver, avant la pousse, dans les mêmes conditions, et maintenue pendant quarante-cinq jours. Malgré tous ces soins, si pendant une submersion l'eau vient à manquer et que le Phylloxera puisse reprendre haleine, c'est fini pour cette année, l'eau n'aura pu le détruire. Tandis que si l'eau monte trop et que la terre du sous-sol ne soit pas perméable à un certain degré, les racines du cep pourriront. Si, au contraire, le sous sol est perméable, l'eau ne pourra conserver le niveau qu'en étant renouvelée en quantité égale à celle absorbée, et alors, les sucs nourriciers de la terre sont entraînés au loin dans les couches inférieures, laissant la vigne dans une terre aride qu'il faut fertiliser de nouveau par d'abondantes fumures.

Dans de pareilles conditions, le procédé de submersion devient impraticable : il ne peut être expérimenté que pour les besoins de la science, sans offrir aucun avantage pratique ni économique. Nous n'en faisons mention que parce qu'on le prône et qu'on parle de construire des canaux agricoles pour sauver les vignobles, et que certains pourraient croire qu'il suffit d'arroser une vigne comme on arrose un champ de luzerne pour se débarrasser de cet ennemi.

Nous n'avons aucune guérison à espérer par la submersion des vignes dans le Roussillon.

Un troisième moyen indiqué est la forte fumure pour donner à la vigne une puissance de végétation fournissant la sève pour nourrir son parasite et un excédant pour sa propre vie. Ce moyen serait rationnel, si les racines conservaient leurs propriétés d'aspiration capillaire et de circulation ; mais, par surcroît de malheur, la morsure du Phylloxera produit des tumeurs sur les racines, comme cela se produit par la piqûre d'autres insectes, puisque la truffe serait même le résultat d'une de ces piqûres sur les racines de certains arbres dans des terres propices ; ces tumeurs forment des rugosités, les fonctions des racines sont détruites et la terre a beau avoir des sucs en abondance, la vigne ne peut en profiter : elle meurt d'inanition comme le malade le mieux soigné au milieu de l'abondance, quand l'organe de l'estomac ne peut pas fonctionner. Ce phénomène a été démontré par la pratique dans les jeunes vignes plantées dans les départements du Gard et de l'Hérault, bien que les terres fussent luxueusement préparées. Les vignes n'ont pu y vivre que trois ou quatre ans au bout desquels le Phylloxera les a détruites, tout comme les vieilles vignes qu'on aurait pu croire plus accessibles aux parasites, à cause de leur âge et de leur épuisement.

Un quatrième moyen est la destruction de l'œuf d'hiver, que l'on croit avoir découvert et auquel nos savants attribuent des propriétés extraordinaires de fécondité. Ils peuvent avoir fait des observations exactes, comme aussi ils peuvent parfaitement s'être laissé entraîner dans le domaine de leur imagination féconde, quand il faut analyser les propriétés de l'œuf d'un insecte qui lui-même est microscopique et ne peut être qu'un diminutif de la mère qui l'a pondu.

La destruction de cet œuf, s'il existe, peut se faire; mais il nous semble bien difficile, pour ne pas dire impossible de trouver cet œuf invisible, même de l'atteindre par la flamme du Pyrcphore qui serait projetée autour des ceps par le moyen indiqué pour détruire les Pyrales en hiver, car les ceps n'offrent pas seulement le dessous des lamelles de l'écorce pour servir d'abri aux insectes et à leurs œufs, les ceps des vignes âgées sont généralement creusés intérieurement par les larves d'une fourmi spéciale à ce genre de travail de destruction. L'intérieur des trous est un véritable labyrinthe. Quoiqu'il en soit, ces mêmes savants nous disent en outre que le Phylloxera placé sur les racines se reproduit sur place d'une manière phénoménale; aussi n'est-ce pas en détruisant l'œuf, qui est censé se trouver sur terre, que nous atteindrons les légions innombrables qui font leur travail de destruction sous la surface du sol.

Le cinquième moyen indiqué et mis à l'étude pratique, non pas pour détruire le Phylloxera, mais pour réparer les ravages qu'il aura produits, est de remplacer les ceps de vignes mortes par les plants américains dont on vante les propriétés exceptionnelles, sans que pour cela ils aient reconstitué un vignoble depuis le temps qu'on en parle.

Il a été reconnu par ceux qui ont fait des expériences avec les plants américains placés auprès des plants français, que ces derniers ont été détruits par le Phylloxera, tandis que les autres ont résisté à ses atteintes, et que la force des ceps américains est en raison inverse de leur affinité avec les ceps français. De sorte que soit pour la fructification directe, soit comme porte-greffes, les plants américains, hautement prônés par leurs vendeurs, qui en font un objet de spéculation, ont le défaut de pousser beaucoup au bois, sans donner de fruit, ou s'ils en donnent, il est de mauvaise qualité, et par conséquent ils ne seraient pas de nature à entretenir la réputation des vins français.

Ces défauts sont la cause que les vignobles remplacés par les plants américains, pour donner des produits et des bénéfices à leurs propriétaires, sont encore à créer. MM. les rédacteurs du *Moniteur vinicole* qui ont des connaissances spéciales et qui sont au courant de tous les progrès réalisés contre le Phylloxera, n'ont pas encore admis les plants américains comme un moyen praticable et pratiqué pour remplacer nos vignobles français, malgré les essais auxquels on se livre depuis longtemps à ce sujet.

L'expérience a démontré que les terrains sablonneux sont moins propices à l'envahissement du Phylloxera que les autres terres compactes ; mais les propriétaires, n'ayant pas le choix du terrain, ne peuvent cultiver que celui qui est à leur disposition ; nous devons alors nous occuper de conserver la généralité de nos vignobles dans toutes les terres où ils se trouvent.

On voit bien par tout ce que nous venons de dire, que le Phylloxera n'a pas été laissé tranquille et qu'il a eu affaire à rude partie, et s'il n'a été ni détruit, ni même arrêté dans sa marche envahissante, la faute n'en doit incomber ni à nos savants, ni aux propriétaires.

L'homme, encouragé par les découvertes prodigieuses faites pendant ce siècle, est resté longtemps sans mettre en doute la possibilité d'avoir raison de ce petit insecte : il a travaillé et cherché constamment le moyen de le détruire, comptant sur son génie pour surprendre la nature de son ennemi et en demeurer vainqueur. Mais après dix ans de recherches, le Phylloxera n'en exerce pas moins ses ravages : les vignobles disparaissent, et pendant que le savant demeure avec sa présomption, le propriétaire perd sa vigne. Cela est le fait brutal, la conclusion fatale de tout ce qui a été fait jusqu'à ce jour contre le fléau.

Il faut avouer que la difficulté n'est pas facile à résoudre. Le point d'attaque est dans les racines et ce n'est qu'en les déchaussant que l'on peut connaître leur position. La zône de profondeur dans laquelle se tient le Phylloxera est indéterminée. Il suit la racine tant qu'elle lui sert de fil conducteur et de nourrice ; il faut même croire qu'il s'enfonce à mesure que le suc de la sève cesse de lui arriver par la première peau qui recouvre les racines, trouvant par ce moyen toujours à sucer ou à mordre sur cette partie tendre et non ligneuse.

Comment donc atteindre et arrêter un insecte jouissant de cet instinct plongeur?

Nous nous souvenons d'avoir fait des recherches dans une vigne détruite en partie par la larve du Vesperus, qui est blanche et grosse comme une noisette et qui remonte près du sol vers le mois de mai. Nous voulûmes en débarrasser les ceps qui en étaient attaqués dans leurs racines, où nous en trouvâmes une moyenne de cinq par cep, et nous pensâmes leur avoir rendu un bon service. Au contraire, presque tous périrent, car ils ne vivaient que par quelques fibres des racines encore non coupées par les larves; mais le mouvement imprimé aux racines par le déchaussement, suffit pour rompre ce faible lien de communication, et les ceps moururent. Alors même que la dépense extraordinaire pour déchausser une vigne et mettre à nu une partie des racines ne serait pas un obstacle hors de proportion avec l'intérêt du but à atteindre, nous avons lieu de croire qu'une pareille opération serait nuisible à une vigne déjà attaquée par le Phylloxera. Aussi n'est-il venu à l'idée de personne qu'un pareil moyen put être employé, si ce n'est pour constater encore davantage la difficulté matérielle qui existe d'aller atteindre un ennemi placé dans ces parties vitales, essentielles de la vigne.

Sans vouloir dire d'une manière absolue qu'il n'y a aucun remède physique ou chimique à pouvoir appliquer contre le Phylloxera, nous sommes obligé de reconnaître et de croire qu'il n'y en a pas de praticables encore.

Nous prenons pour preuve la persistance et l'énergie avec lesquelles les remèdes sont appliqués. Chaque département contaminé a un comité de direction et des commissions locales pour combattre le fléau. La Compagnie des chemins de fer Lyon-Méditerranée vend à prix coûtant le sulfure de carbone et les instruments pour l'injecter, rendus dans toutes les gares de son réseau. Elle a même des hommes, moniteurs, qu'elle envoie sur demande pour enseigner les meilleurs moyens d'appliquer les remèdes.

Toute cette louable organisation, secondée par le zèle et la bonne volonté des hommes dévoués au bien de leur pays, n'a pas empêché la destruction des vignes; elle n'a servi qu'à maintenir le moral des populations pendant que leur ruine se consommait.

Ce que nous voyons dans notre département se reproduit dans tous les autres ; c'est-à-dire qu'à chaque nouvelle découverte de la présence du Phylloxera, la Commission se rend sur place pour constater le fait malheureux et prescrire l'emploi et l'application des sulfo-carbonates, du sulfure de carbone, des cubes Rohart, etc., etc. Mais si ces moyens employés ralentissent un peu la propagation du fléau, ils ne l'arrêtent pas : toutes les commissions en conviennent et savent d'avance qu'ils sont insuffisants.

Donc mettre notre confiance dans ces moyens insuffisants pour préserver les vignes du Roussillon, est une erreur, si ce n'est un manque de bon sens.

Nous admettons volontiers que quelques propriétaires qui possèdent leurs vignes dans un terrain en partie sablonneux, propice pour laisser circuler les émanations du sulfure de carbone, et qui peuvent en outre disposer de bras nombreux agissant sous leur surveillance constante pour bien opérer leurs vignes, puissent les conserver dans une belle végétation, de manière à former une exception au milieu des autres vignes détruites. Mais cette exception est égale à la différence des moyens dont pouvaient disposer les autres propriétaires pour le personnel et la nature différente du terrain. Quand un fléau se répand avec autant de rapidité, on peut bien sauver une vigne, mais on ne sauve pas tout un vignoble.

La même observation est applicable à la submersion et aux plants américains, dont la nature est si différente de nos cépages. Mais ce n'est que par la culture et la sélection que nous avons obtenu des récoltes et des fruits savoureux retirés de sujets de l'état sauvage. Nous pouvons donc croire qu'une culture intelligente finira par obtenir de bons résultats des plants américains. Seulement, sera-ce dans vingt ans ou dans cinquante ans?... Là se trouve le terme inconnu, tandis que le terme qui ne l'est pas, c'est qu'en attendant la transformation des plants américains, nos vignes détruites resteront improductives pendant assez longtemps pour consommer la ruine du pays, épuiser les provisions faites et le laisser sans ressource.

Si des savants spéciaux pour cette maladie de la vigne, si des hommes pratiques et observateurs intéressés n'ont pu trouver un remède efficace, ce ne sera pas nous qui pourrons avoir la prétention d'en trouver un. D'autant mieux que dans notre opinion personnelle, il est matériellement impossible de détruire tous les sujets phylloxérés qui se trouvent dans une vigne, dont l'envahissement ne paraît que lorsque le mal est déjà grand. Mais nous n'entendons pas affaiblir en rien la confiance robuste que peuvent avoir les autres dans le génie de l'homme. Nous allons même fournir notre faible contingent pour faire avancer les moyens d'attaque contre le Phylloxera.

Nous avons démontré que la composition physique du sol s'opposait à ce que le gaz morbide se dégageant du sulfure de carbone pût atteindre les racines placées à quelque distance du dépôt, il faut donc chercher un moyen qui rompe cette cohésion de la terre pour livrer passage aux émanations. Et ce moyen, que nous conseillons, est l'emploi d'une cartouche de poudre de mine ou de dynamite faisant explosion sous le cep, non pas pour soulever la terre et jeter les racines en l'air, mais pour produire une commotion modérée et diviser la terre, comme le fait un trou de mine dans le sol. On n'entend qu'un léger bruit sourd et ce n'est qu'à la longue qu'on voit apparaître sur le sol un peu de fumée quand elle y arrive.

La dynamite, principalement, a la propriété de projeter sa force de haut en bas, de manière qu'une cartouche placée nue sur une pierre et faisant explosion, fendrait la pierre au lieu de se perdre dans l'atmosphère.

Cette commotion produite par l'explosion est très-énergique et s'étend assez loin. Nous savons qu'une cartouche de dynamite en éclatant au fond de la mer tue tous les poissons qui se trouvent dans son cercle d'action, de sorte que les poissons dont les organes respiratoires sont assez gonflés au moment de l'accident remontent morts à la surface de la mer, tandis que les autres restant au fond sont perdus pour le pêcheur qui ne craint pas d'employer ce nouvel engin défendu.

En appliquant ce moyen, dont nous ne calculons pas le prix de revient, la commotion seule pourrait détruire une grande partie des pucerons du Phylloxera, et s'ils n'étaient pas détruits, la terre désagrégée par le passage du gaz de la matière explosible, livrerait ensuite passage en tout sens aux émanations du sulfure de carbone, mis dans la terre ainsi préalablement préparée.

Mais dans toute affaire économique il faut comparer les chiffres, et si un remède destiné à sauver une vigne doit coûter davantage que la valeur de celle-ci, il est certain que le remède, tout en ayant sa portée scientifique, ne vaut absolument rien comme moyen pratique.

Au demeurant la dynamite n'est pas un produit cher et si l'Etat faisait l'abandon de ses droits sur cette matière employée pour l'agriculture, nous aurions recours à la fabrique de Paulilles, située entre Port-

Vendres et Banyuls. Celle-ci, en limitant ses bénéfices à la mesure du raisonnable, arriverait à fournir la quantité nécessaire à toute la région du Midi.

Nous donnons notre procédé pour ce qu'il vaut, sans que nous l'ayons expérimenté ; mais nous croyons sincèrement que les hommes qui s'occupent de cette partie intéressante du bien public pourraient en faire l'expérience.

Un pal droit ou en forme de vrille suffit pour faire la chambre de la cartouche dans la terre. Ces cartouches sont de plusieurs calibres, selon la résistance du sol ou la profondeur à laquelle on veut les déposer. L'expérience ne tarde pas à démontrer quelle est la dose qu'on peut employer pour faire le bien sans nuire à l'existence du cep, qui profiterait de la désagrégation de la terre, permettant aux influences atmosphériques de pénétrer plus facilement dans ses profondeurs. Qui sait si dans un avenir assez rapproché, pour les progrès de certaines cultures à travail profond, on n'arrivera pas à l'emploi des matières explosibles pour remuer la terre par ce procédé?

En revenant à notre sujet, il demeure établi que notre ennemi est invulnérable dans sa forteresse souterraine, et que nous devons envisager le danger tel qu'il est et non pas tel que nous voudrions qu'il fût. Tout ce qui a été fait, tout ce qui est humainement connu ne suffit pas pour nous préserver du Phylloxera dans le Roussillon. Eh bien ! c'est quand les remèdes de l'homme ont fait leurs preuves, qu'on les a reconnus impuissants, après une pratique longue, judicieuse et opiniâtre, qu'on peut sans rien abandonner de sa dignité, chercher ailleurs et revenir aux remèdes que Dieu met à notre portée.

Voilà la ligne de démarcation.

Nous abandonnons notre confiance dans les remèdes humains pour la placer dans les remèdes divins. Est-il raisonnable, est-il logique qu'en plein XIXe siècle, l'homme, qui a fait des découvertes si prodigieuses, qui a captivé la vapeur pour franchir l'Océan malgré les vents et les courants, porter des voyageurs et des produits en immense quantité d'une région à l'autre dans l'espace d'une nuit ; soulever des poids à faire frémir Archimède et remplacer à l'infini la force animale ; qui a accumulé l'électricité pour franchir en un clin d'œil tout un Océan et être une messagère de paix entre le vieux et le nouveau monde, est-il possible que cet homme s'incline et s'avoue vaincu par un insecte microscopique qui le brave d'une manière inconsciente ?

Certainement c'est pénible, mais enfin c'est la vérité. Quand on est vaincu il faut se résigner à sa défaite. Nous avons bien osé dire et avouer mille fois que les Prussiens nous avaient complètement battus ; cela a prouvé que nous n'avions pas un orgueil inutile, cela nous a même donné entrée dans l'estime des autres peuples qui apprécient le bon sens et le bon jugement. Mais si nous avouons que nous avons été battus par des ennemis nos semblables, quel empêchement y aurait-il à nous avouer vaincus par une puissance infiniment supérieure à celle de notre nature : Avouer que Dieu a voulu humilier notre orgueil ?

Aujourd'hui que beaucoup d'hommes ne croient à rien de surnaturel, ou du moins affectent de ne pas y croire, il faut avoir quelque audace ou commettre quelque témérité pour oser leur dire : Dieu n'est pas content de nous ; nous l'indisposons un peu trop, nous ne voulons lui savoir aucun gré de ses bienfaits, nous les attribuons plus à notre travail et à notre intelligence qu'à sa Providence. Il nous a envoyé plusieurs châtiments pour nous donner un aperçu de sa puissance; nous n'en avons pas tenu compte, et maintenant Il a placé le Phylloxera hors de notre portée pour nous démontrer qu'en définitive c'est Lui le Maître et non pas nous.

Le plus grand nombre, pour ne pas dire tous les hommes, savent que Dieu existe. La nature entière nous impose cette croyance, depuis le plus petit insecte vivant sur terre ou au fond de l'Océan, avec ses organes de locomotion et de reproduction, jusqu'aux monstres de la mer et du continent; le mouvement de la terre faisant 40.000 kilomètres en vingt-quatre heures, sans compter le mouvement de sa projection; le mouvement de la lune et des autres planètes dépourvues de force motrice visible et se maintenant dans l'espace, sans jamais dévier du cercle qui leur a été tracé. Tout cela dépasse la portée de l'intelligence de l'homme le plus savant, d'une distance bien plus grande que celle qui empêche le cerveau d'un cheval fait de même nature que celui de l'homme, de comprendre les sciences physiques et d'économie politique que l'homme traite si facilement. Tout cela nous impose la croyance de Dieu et nous en donne la démonstration permanente.

C'est entendu, il n'y a que quelques bravaches sans raison et sans influence qui peuvent nier l'existence de Dieu; mais l'immense majorité comprend et avoue que nous sommes soumis à une puissance supérieure qui régit les individus et les peuples et que nous désignons sous l'appellation de Dieu.

Or, Dieu est le Maître de l'Univers; la Création Lui appartient. Il crée et régit le plus petit des insectes, comme Il crée l'homme le mieux doué. Et ce même homme, quelque savant qu'il soit, ne peut rien créer. Il peut bien transformer sous mille formes utiles la matière créée; il peut bien se servir des forces et des éléments de la nature préexistants, mais il ne peut absolument créer le plus petit atome de poussière. Quant à la vie, il peut la détruire, mais il ne peut pas la donner par son propre fait et sa volonté. Son intelligence, aussi immense qu'elle puisse être, s'arrête à une limite qu'elle ne peut franchir, de même que la vague de l'océan rencontre la falaise ou le grain de sable qui lui dit : Tu n'iras pas plus loin.

Nous avons fait une comparaison avec l'instinct du cheval qui est limité. Pourquoi l'intelligence de l'homme ne serait-elle pas limitée par rapport à Dieu ?...

L'homme est fier avec raison de voir tous les êtres de la nature soumis à son autorité et à sa dignité. L'animal le plus féroce dans le désert, la première fois qu'il voit un homme, est frappé d'étonnement devant la représentation de la dignité du Seigneur : il se recueille et s'il ne doit pas exercer sa propre défense, il se soumet, s'éloigne et cède le pas à l'homme. Mais parce que tout sur la terre semble avoir été créé pour le service ou l'épreuve de l'homme, est-ce une raison pour que l'homme ne soit créé pour aucune autre puissance? Oh non! Le mouvement intérieur qui a fait sentir au lion, à la hyène, au boa, que l'homme est le maître dans la création terrestre, fait aussi sentir dans notre esprit et dans notre cœur que nous sommes faits pour Dieu, pour ce Dieu qui a laissé en nous ce vide indéfinissable que nous cherchons tous à remplir avec les biens et les satisfactions du monde.

Si nous nous étendons un peu sur la constatation de l'existence de Dieu, c'est parce que dans les circonstances difficiles que nous traversons, les idées les plus absurdes, les plus subversives de l'ordre moral, se produisent sans retenue, et que quelques personnes qui ne peuvent régler leur conduite ou leur croyance que sur celles des autres, doivent naturellement se demander si ceux qui veulent vivre sans Dieu n'ont pas quelque bonne raison pour le dire et pour le faire.

Ne pouvant avoir confiance dans les remèdes humains pour nous préserver du fléau qui nous occupe, et voulant avoir recours aux remèdes divins, il faut avant tout établir notre base de l'existence de cette Divinité, à laquelle nous devons nous adresser.

Le Phylloxera, tout le monde le sait maintenant, est un être vivant, invisible à l'œil nu, qui jouit d'une force de vitalité surprenante, résistant à toutes les intempéries, à l'immersion même, quand elle ne dure pas un long délai, et qui se reproduit d'une façon phénoménale en se nourrissant du suc des racines qu'il épuise et détruit.

Un être vivant est un être créé : or, comme l'homme ne peut rien créer, et qu'il n'y a nul effet sans cause, nous devons remonter à la cause créatrice, c'est-à-dire à Dieu.

Certainement la main de Dieu s'étend partout, mais d'une manière plus spéciale là où les instruments visibles sont des êtres créés, agissant par une vie organisée.

Si quelqu'un veut mettre en doute cette affirmation démontrée, il n'a qu'à faire une démonstration contraire sur les termes existants.

La vigne est détruite.

Elle l'est par des insectes vivants, inconnus autrefois.

Si Dieu ne les a pas créés et envoyés, que ce quelqu'un nous dise quel est leur Créateur, d'où ils viennent, et comment ils sont venus si nombreux?...

Il a le champ libre, il peut attirer sur lui l'attention des savants et rendre un service à l'humanité. Mais nous attendrions longtemps cette démonstration contraire à l'action directe de Dieu.

Reconnaissons-Le donc pour la cause de la perturbation qui existe, et soumettons-nous à Lui, loyalement et sans être retenus par notre amour-propre ni notre dignité mal placée.

Se soumettre à un inférieur ou à un égal, n'est guère facile ni fréquent ; mais se soumettre à Dieu n'offre rien d'humiliant, pas plus que pour l'enfant qui est soumis à son père, que pour le soldat qui obéit à son général. L'obéissance, la soumission aux chefs reconnus, voilà la règle de tout ordre naturel et social.

Mais peut-être, dira-t-on, nous sommes soumis à Dieu dans la mesure du raisonnable et c'est Lui qui a tort de montrer autant de sévérité à notre égard, en nous envoyant un fléau qui a troublé notre douce existence, alors que tout allait fort bien dans le meilleur des mondes, où la grande majorité des hommes ne songeait qu'à le servir et à le louer pour tous ses bienfaits.

C'est ce que nous allons examiner.

Partout où la vigne a pu devenir la principale culture agricole, la richesse y est arrivée promptement, et malgré la répartition générale et presque uniforme de la prospérité en France, les pays vignobles en ont eu cependant la plus grande part.

Quel effet a produit cette richesse par rapport au bien moral de ces populations? Tout le monde a pu le constater. La plupart des propriétaires ont été grisés par ce bien-être arrivé si vite et bientôt leur orgueil a surpassé leur opulence. Il a fallu des manifestations plus ou moins extravagantes, pour surpasser son ami, devenu son rival; en sorte que le luxe a pris des proportions ridicules un peu partout, sans que pour cela le vide toujours béant creusé par l'orgueil se trouvât comblé. Il lui manquait encore quelque chose, et c'est alors qu'il a produit son effet ordinaire, c'est-à-dire la sensualité et le vice personnel qui ont fait que le progrès moral des populations a été en sens inverse du progrès matériel, de la richesse survenue.

Le moindre village a changé d'aspect : les maisons neuves ont remplacé les vieux murs noircis par le temps, et les riches ameublements y ont été entassés avec prodigalité. En un mot, tout a porté l'empreinte des munificences données par la récolte de la vigne.

Nous disons tout; mais nous nous trompons, il y a eu une exception : elle a été pour l'Eglise du village, pour la maison du Bon Dieu, qui seule n'a pas reçu d'embellissements. Le seul changement qu'on ait pu y remarquer, c'est qu'elle a été moins fréquentée qu'auparavant par les hommes d'abord et ensuite par les jeunes gens qui n'y reviennent presque plus depuis leur première Communion, à laquelle leur père n'assista peut-être pas, pour ne pas se priver de sa promenade habituelle du dimanche matin.

On sait qu'à bien peu d'exceptions près, telle a été la conduite suivie par les populations de vignobles du Midi, pendant leur temps de prospérité.

Or, Dieu étant le dispensateur des biens de la terre, créant les fruits des récoltes comme il crée les individus, il faut convenir que ce n'est pas sans raison qu'Il trouve que ces biens tombent en des mains peu dignes de les recevoir.

De plus nous avons dit que le chemin de la vigne avait fait négliger, oublier même le chemin de l'Eglise. Ajoutons que les conversations des cafés, la dissipation des bals publics, ont donné peu de goût pour aller entendre la parole de Dieu. Qui n'a pu constater, en effet, que la moindre chanteuse, arrivant dans un village, avait de suite plus d'auditeurs que le sermon du prédicateur, même en temps de Carême.

On peut prétendre que c'est le progrès du jour, que c'est se soustraire au joug de la Religion, qui ne prêche que pénitence lorsque l'esprit et le cœur n'aspirent qu'au plaisir. Soit, mais dans ce cas, il demeure acquis que ce ne sont pas les préceptes des commandements de Dieu et de l'Eglise qui servent de règle à une grande partie de nos populations, mais au contraire, la soif des richesses et des plaisirs.

Nous venons de parler des Commandements de Dieu et de l'Eglise : ils ne sont pas bien longs et trente-deux lignes rimées suffisent pour les énoncer. C'est peu de chose pour des têtes comme celles des hommes d'aujourd'hui qui connaissent à fond les sciences les plus abstraites, et qui approfondissent toutes les questions politiques et sociales. C'est même peu de chose pour les têtes des hommes du peuple qui sont au courant des questions qui se traitent dans les cafés et autres lieux publics, où ils apprennent si parfaitement les théories variées, propagées par des journaux non taxés de cléricalisme.

Eh bien, y a-t-il beaucoup de ces hommes qui sachent, mot à mot, les dix commandements de Dieu et les six de l'Eglise ? Peut-être pas un sur dix. Assurément, chacun en a connaissance quant au fond, mais quant à la forme c'est différent : la confusion est dans l'esprit, les textes sont oubliés, preuve certaine que l'on s'en préoccupe fort peu et qu'au demeurant, on serait bien aise de ne les avoir jamais connus, afin que, le cas échéant, ils ne servent pas à introduire certain remords, qui pour être secret, n'en est pas moins gênant et tenace, plus qu'il ne convient envers des hommes libres comme veulent l'être ceux du jour.

Pourtant, pour nous maintenir en règle vis à vis de la justice des hommes, il y a tout un arsenal de lois de tout âge et de tout temps, que nul n'est censé ignorer. Et l'on sait ce qu'il en coûte à tout individu qui par oubli se laisse aller à les enfreindre.

Pour régler notre soumission envers Dieu, il n'y a que dix commandements et nous ne voulons pas les observer, nous ne voulons même pas en conserver les courts articles dans notre mémoire.

Pour nous maintenir enfants de l'Eglise catholique que nous avons choisie pour Mère, il n'y a que six commandements, auxquels nous ne voulons pas nous soumettre, malgré que nous l'ayons promis et juré en séance publique le jour du renouvellement des vœux du baptême, lors de notre première communion. Si nous ne sommes plus des hommes de parole, si nous sommes parjures envers Dieu et son Eglise, à qui la faute?...

Dieu et l'Eglise ont-ils démérité de notre estime? N'est-ce pas nous au contraire qui avons mérité la punition qui incombe à toute infraction renouvelée et prolongée?

Nous avons beau nous raidir contre l'aiguillon, l'obligation de nous conformer aux Commandements de

Dieu et de l'Eglise, qui représente son ministère visible sur la terre, est inexorable.

Les dix Commandements de Dieu sont communs aux Protestants de toutes les sectes, aux Israëlites, même aux Mahométans, comme à nous catholiques. Seulement, nous catholiques, nous sommes ceux qui les observons le moins, et les Français principalement. Outre que cela nous attire beaucoup de malheurs, nous y perdons dans l'estime des nations du Nord, qui sont plus calmes et moins dévoyées que nous de la ligne droite du bon sens.

En effet, dans maintes circonstances, quand les hommes éminents des nations voisines ont eu à émettre leur jugement sur nous, ils ont reconnu les qualités aimables et vives de notre esprit, l'amour du travail joint à l'amour des plaisirs, la solidité des sentiments religieux de la portion des Français qui prie, qui pratique et maintient par ses dons tant de bonnes œuvres; mais la portion la plus bruyante, qui paraît à leurs yeux être la plus grande, ne mérite nullement leur confiance; et ils disent qu'un peuple qui ne pratique aucune religion ne peut être doué d'un jugement sain et droit. Et si ce peuple ne croit pas en Dieu, il est absurde et on ne traite pas avec lui.

S'il croit en Dieu et ne s'y soumet pas, c'est qu'il ne comprend pas qu'il indispose son Maître contre lui. Il ne comprend pas ses intérêts.

Or, celui qui ne comprend pas ses intérêts est un pauvre d'esprit : donc il ne mérite pas confiance. Tel est le raisonnement britannique et s'il n'est pas appliqué peut-être avec toute l'indulgence que nous méritons, il faut avouer qu'il ne manque pas de logique pratique.

Abd-el-Kader tenait le même raisonnement pendant qu'il nous faisait la guerre, en Afrique.

Notre considération à l'étranger, nos intérêts matériels, notre satisfaction personnelle et notre salut, nous engagent donc à nous soumettre à Dieu loyalement et à observer ses commandements de notre mieux.

Cette soumission nous est commandée non-seulement par la lettre permanente des Commandements de Dieu; mais encore Dieu, qui crée tout, nous envoie de temps en temps des messagers extraordinaires et surnaturels qui nous avertissent de nos égarements, en nous rappelant l'observation aux règles prescrites.

Du reste en nous soumettant à Dieu, par l'observation des Commandements, en lui donnant notre reconnaissance pour ses bienfaits et en recourant à Lui dans toutes nos nécessités, nous ne faisons que suivre la voie de la raison et du bon sens départis à l'intelligence de notre nature.

Cette nature, soumise à des influences contraires à celle de Dieu, n'est pas parfaite; d'où il s'en suit qu'il y a souvent conflit, et qu'elle succombe. C'est l'histoire de tous les jours et de tous les instants.

Dieu est bon au suprême degré, mais il est juste dans tout ce que l'imagination peut concevoir de plus exact. A toute offense, Il réserve la punition, comme à toute bonne œuvre Il promet la récompense, non pas d'une manière absolue, mais d'une manière relative; c'est pourquoi un acte d'amour, une attention délicate de Madeleine suffirent pour la rendre sainte; une bonne parole partant du cœur suffit pour effacer les crimes du bon larron.

Toute offense ou prévarication particulière est suivie

d'une punition particulière, à tout désordre public succède une calamité ou punition publique.

Les calamités publiques exigent un redressement, un retour, une prière publique qui établissent une compensation. Cette économie n'a rien de contraire à notre raison humaine. Quel est le père qui n'est disposé à récompenser les succès et la bonne conduite de son fils? Combien n'est-il pas peiné quand, au contraire, les écarts ou l'inconduite de l'enfant l'obligent à administrer une correction énergique. N'est-il pas celui qui souffre le plus d'en être réduit à cette extrémité, et la soumission de l'enfant ne désarmera-t-elle pas le bras qui ne se levait qu'à regret pour le frapper?

Les agissements de Dieu à notre égard ont presque la même simplicité dans la circonstance solennelle qui nous occupe.

La France est la fille aînée de l'Eglise. De tout temps Dieu l'a aimée pour les bonnes œuvres qu'elle accomplit, lui rendant au centuple les aumônes qu'elle distribue dans toutes les parties du monde, arrosées par le sang généreux de ses enfants. Il la rend riche et prospère; mais cette richesse n'est pas toujours bien employée. Elle fait fausse route, ainsi que nous l'avons démontré, au point de dépasser la proportion de tolérance générale qui doit être admise pour toute chose humaine. Dieu veut et doit nous ramener de nos égarements envers Lui et c'est pour cela qu'il nous envoie la détresse et le malheur, car c'est toujours dans ces circonstances qu'on revient à Lui et qu'on réclame son secours.

C'est dans les pays pauvres où la terre rétribue avec parcimonie le labeur de l'homme que se trouvent la sobriété en toute chose, la bonté, le dévouement et surtout le respect envers Dieu et ses ministres. Ces vertus ont diminué à mesure que la richesse et les progrès du jour ont apporté avec eux l'égoïsme et les autres vices des pays civilisés. Les pays vignobles du Midi ont été soumis à cette influence. Maintenant ils subissent la réaction salutaire, quant au moral, faite par la volonté de Dieu, qui veut obtenir un but : la soumission et la reconnaissance qui lui sont dues. Mais en bon Père qu'Il est pour tous et pour les Français plus particulièrement, ce n'est pas sans peine qu'Il semble se décider à nous envoyer ces calamités jugées nécessaires pour nous ramener à Lui et à nous-mêmes.

Avant d'employer ces moyens extrêmes, toujours pénibles à sa bonté, Il a permis que la Sainte Vierge sa mère, qui est la Patronne de la France que lui consacra Louis XIII, vint, après tant d'autres fois, honorer la terre de France de sa présence, le 19 septembre 1846, sur la montagne de la Salette, pour nous faire donner par deux enfants, Maximin Giraud, âgé de onze ans, et Mélanie Mathieu, âgée de quatorze ans, bergers tous les deux, l'annonce des châtiments qu'attireraient sur nous la violation des commandements de Dieu et de son Eglise.

Ces avertissements mémorables que beaucoup de personnes connaissent, mais dont beaucoup d'autres n'ont pas cherché à se rendre compte, ont été répétés textuellement, sans le moindre changement, des milliers de fois, par ces deux enfants, soumis à toutes les épreuves pour les faire contredire, alors qu'ils étaient encore sans la moindre instruction et dans la naïveté de leur âge et du milieu où ils avaient vécu.

Nous ne saurions mieux faire que de les transcrire pour faire connaître toute leur portée et les conséquences qui en ont découlé jusqu'à ce jour, en présence du Phylloxera.

Sur le gazon d'une haute montagne, élevée au-dessus de la région des arbres, la Sainte Vierge apparaît assise, dans un globe lumineux, éblouissant, la tête appuyée dans ses mains, comme une personne profondément affligée, et s'étant levée, elle invita les enfants à s'approcher bien près et prononça ensuite ces paroles :

« Si mon peuple ne veut pas se soumettre, je suis « forcée de laisser aller le bras de mon Fils. Il est si « lourd et si pesant que je ne puis plus le retenir.

« Depuis le temps que je souffre pour vous autres, si « je veux que mon Fils ne vous abandonne pas, je suis « chargée de prier sans cesse. Et pour vous autres, vous « n'en faites pas cas.

« Vous aurez beau prier, beau faire, jamais vous ne « pourrez récompenser la peine que j'ai prise pour vous.

« Je vous ai donné six jours pour travailler, je me « suis réservé le septième ; on ne veut pas me l'accor- « der. C'est ce qui appesantit tant le bras de mon Fils.

« Ceux qui conduisent les charrettes ne savent pas « jurer sans mettre le nom de mon Fils au milieu. Ce « sont ces deux choses qui appesantissent tant le bras « de mon Fils.

« Si la récolte se gâte, ce n'est rien qu'à cause de « vous autres, je vous l'ai fait voir l'année dernière pour « la récolte des pommes de terre. Vous n'en avez pas « fait cas. C'est, au contraire, quand vous trouviez des « pommes de terre gâtées, que vous juriez, mettant le « nom de mon Fils. Elles vont continuer à pourrir et à « la Noël il n'y en aura plus.

« Si vous avez du blé, il ne faut pas le semer. Tout « ce que vous semerez, les bêtes le mangeront. Ce qui « viendra tombera en poussière quand vous le battrez.

« Il viendra une grande famine ; avant que la famine

« vienne, les petits enfants au-dessous de sept ans « prendront un tremblement et mourront entre les « mains des personnes qui les tiendront. Les autres « feront pénitence par la famine. Les noix deviendront « mauvaises, les raisins pourriront.

« S'ils se convertissent les pierres et les rochers se « changeront en monceaux de blé et les pommes de « terre se trouveront ensemencées par les terres.

« Faites-vous bien votre prière, mes enfants? Tous « deux répondirent : Oh, non, Madame, bien peu. Notre « divine Mère continua :

« Ah mes enfants, il faut bien la faire matin et soir. « Quand vous n'aurez pas le temps et que vous ne « pourrez pas faire mieux, dites au moins un *Pater* et « un *Ave Maria*, et quand vous aurez le temps, il faut « en dire davantage.

« Il ne va que quelques femmes un peu âgées à la « Messe les autres travaillent le dimanche tout l'été ; et « l'hiver, quand ils ne savent que faire, ils vont à la « Messe pour se moquer de la religion. Et le Carême, « ils vont à la boucherie, comme des chiens.

« N'avez-vous jamais vu du blé gâté, mes enfants? « Maximin répondit : Oh non, Madame. Mélanie répéta « doucement : Non, Madame. S'adressant à Maximin :

« Mais toi, mon enfant, tu dois bien en avoir vu une « fois vers le *coin* (petit hameau) avec ton père. « L'homme de la pièce dit à ton père : Venez voir mon « blé gâté. Vous y allâtes tous les deux. Il prit deux ou « trois épis dans ses mains, il les froissa et tout tomba « en poussière, et puis, en vous en retournant, quand « vous n'étiez plus qu'à une demie heure de Corps, ton « père te donna un morceau de pain en te disant : Tiens, « mon petit, mange ce pain ; car je ne sais pas qui

« en mangera l'année prochaine, si le blé continue
« comme ça à se gâter.

« Maximin répondit : C'est bien vrai, Madame, je ne
« me le rappelais pas.

Après cela, Elle dit, en répétant deux fois :

« Eh bien, mes enfants, vous le ferez passer à tout
« mon peuple. »

La Sainte Vierge disparut en la présence des deux enfants, d'abord en glissant sur l'herbe pour monter sur une petite éminence à vingt-cinq pas de distance, s'élevant ensuite tout doucement dans l'espace, au milieu d'une trainée lumineuse.

Dans le cours du discours, chaque enfant, séparément et sans changer de place, avait reçu de la Sainte Vierge la confidence d'une partie secrète qu'ils ne devaient pas comprendre dans les avertissements à faire passer à tout son peuple. Quand la parole était adressée à l'un, l'autre n'entendait aucun son de paroles et réciproquement à l'égard de l'autre.

De ces secrets recommandés, personne n'a pu en obtenir la révélation ni même un indice, car nul n'a jamais pu faire manquer les enfants à l'obéissance demandée à ce sujet par la Sainte Vierge. Cependant le jeune Maximin était d'un caractère léger, inconstant, vivant au milieu du monde où il a entrepris divers états sans réussir dans aucun et, néanmoins, malgré ces circonstances opposées en apparence à sa mission, il n'a jamais prononcé le moindre mot qui put trahir son secret. Jamais, jusqu'au dernier moment de sa vie, que nous avons vue en lutte avec les souffrances de la dernière maladie, il n'a cessé de devenir sérieux, respectueux et visiblement ému, quand il était questionné sur les faits de l'apparition.

Ces secrets ont été remis cachetés séparément et apportés en 1851 par MM. Rousselet et Guérin à notre Saint-Père le Pape, qui en lisant celui de Maximin dit simplement : c'est bien la naïveté d'un enfant. Mais en lisant le secret de Mélanie, il devint fort triste et dit : Ce sont des fléaux qui menacent la France ; mais la France n'est pas seule coupable. L'Italie l'est bien aussi et l'Europe entière. Ce n'est pas sans raison que l'Eglise est appelée militante et vous en voyez ici le Capitaine.

Les personnes qui n'ajoutent foi qu'à ce qui peut s'expliquer dans l'ordre naturel et à la portée de leur intelligence ou de leur science, trouveront que cette apparition de la Sainte Vierge est tout simplement impossible et seulement inventée par quelques cerveaux malades ou hallucinés.

D'autres trouveront étrange qu'une hallucination entièrement semblable se soit produite justement à la même heure, sur deux individus différents, d'un âge aussi jeune, n'ayant eu pour boisson dans la journée que l'eau claire des ruisseaux, répétant mot à mot et séparément les mêmes circonstances de l'apparition, les mêmes plaintes et les mêmes recommandations de la Sainte Vierge.

Enfin les personnes qui sont accessibles aux convictions religieuses et aux faits surnaturels, admettront sans effort que la Puissance de Dieu n'est pas limitée à la portée de notre intelligence et qu'il n'est pas plus difficile à la Sainte Vierge de descendre aujourd'hui sur la terre sous une forme visible, qu'il ne l'a été le jour de son Assomption pour monter au ciel. Ce sont là des faits de même nature, provenant d'une même puissance, nullement affaiblie par les siècles et certainement bien conformes à la sollicitude maternelle que la Sainte

Vierge ne cesse d'avoir pour l'humanité en général, pour la France en particulier.

Elle nous fait annoncer par les enfants que nous sommes coupables en transgressant ou en n'observant pas les trois premiers Commandements de Dieu. Le premier en ne voulant pas nous soumettre pour le reconnaître pour notre Maître, l'adorer et l'aimer.

Le deuxième en prononçant son nom sans aucun respect, en médisant même de sa bonté, de sa puissance.

Le troisième en n'observant pas le Dimanche, réservé pour le repos du corps et de l'esprit et pour les dévotions consacrées à son culte.

Les Commandements de l'Eglise ne sont pas mieux respectés.

1° En ne faisant que légèrement ou pas du tout nos prières qu'il faut faire pourtant.

2° En se dispensant d'assister le dimanche et fêtes à la Sainte Messe.

3° En n'observant pas les jeûnes et abstinences qui nous sont prescrits principalement en Carême.

La Sainte Vierge confie des secrets aux enfants et l'un d'eux annonce pour la France des malheurs qui ne se sont réalisés que trop tôt.

Elle nous adresse les menaces résultant du mécontentement que notre conduite inspire à son Fils, N. S. J. C.; mais ces menaces sont conditionnelles. Elle ajoute immédiatement que si nous nous convertissons, le bras de son Fils ne frappera plus sur nous.

Quelle mère aurait pu donner de meilleurs conseils à ses enfants et des marques plus éclatantes d'un meilleur intérêt.

Si la bonté de l'arbre doit être jugée par ses fruits et celle de la chose par ses résultats, qui ne comprend tout le bien qui résulterait pour nous de l'observation des conseils que la Sainte Vierge nous a donnés en cette circonstance. Mais au lieu d'en profiter, un trop grand nombre n'en ont pas fait cas, méprisant ces preuves d'amour, et Dieu, qui est jaloux du respect et de la reconnaissance que nous devons à sa sainte Mère, s'est vu dans l'obligation de renchérir sur les menaces faites et les malheurs prédits. Ce ne sont plus seulement les raisins qui pourrissent, à cause de l'oïdium existant toujours, ce sont les vignes qui meurent, non pas de la mort naturelle de la vieillesse, mais d'une mort violente, causée par le Phylloxera, cet instrument de la Volonté Divine.

Chacun peut avoir en ceci, comme en toute chose, son opinion personnelle ; mais la nôtre se trouve formée et fortement corroborée par la conviction que c'est parce que nous n'avons pas mis à profit les avertissements de la Sainte Vierge, que nous avons subi les effets de la colère divine dont nous avions été prévenus maternellement.

En effet, il est de notoriété publique :

Que les pommes de terre se sont gâtées par une maladie, inconnue jusqu'en 1845, et qui se continue encore quoique avec moins de violence.

Que la récolte du blé réussit de plus en plus difficilement en France, ce qui oblige à rechercher d'autres cultures moins aléatoires.

Que dans certains endroits la mortalité des enfants a été fort grande. Nous savons qu'en 1858 dans un village de 2300 âmes, pendant les seuls mois d'été, quarante-cinq enfants en bas-âge ont succombé par l'effet d'une maladie épidémique.

Que les noix, formant une récolte importante dans

les Alpes et autres parties montagneuses de la France, sont devenues noires, se gâtant avant leur maturité.

Que les raisins se sont séchés ou pourris par l'effet de l'oïdium combattu par le soufre, mais existant encore dans les vignobles du midi.

Que les idées ont été bouleversées.

Que nous avons eu des guerres fréquentes, entraînant avec elles leurs calamités ordinaires ; la dernière devenue terrible par une invasion formidable.

Paris réduit par une famine que nul homme n'aurait cru possible et qui n'a que trop accompli les paroles de Notre-Dame de la Salette.

Cette même ville, l'orgueil de la France, le centre des lumières et de la civilisation, devenue un antre de barbarie, brûlée par ses propres enfants se faisant une guerre fratricide.

Cinq milliards, sans compter les contributions premières et tout notre matériel de guerre, retirés de la richesse de la France pour être donnés à l'étranger.

Tous ces faits parfaitement connus ont prouvé combien étaient sérieuses les menaces communiquées par la Sainte Vierge, et la crainte manifestée par Pie IX en lisant le secret de Mélanie.

Mais malgré cette évidence, cela n'a pas suffi pour nous faire voir que la main de Dieu s'appesantit sur nous de tout son poids. Nous nous sommes raidis au contraire contre le mal ; nous nous sommes endurcis, refusant de nous soumettre à Dieu qui dirige toute chose. Aussi nous ne voyons rien d'étonnant à la disparition de nos vignes et à la diminution de nos richesses, allant toutes vers d'autres pays choisis de Dieu, afin qu'elles soient employées au bien et à sa gloire.

Ce n'est pas de la fantaisie que nous faisons, c'est de

l'histoire contemporaine ; chacun peut en vérifier l'exactitude dans ses propres souvenirs.

La Sainte Vierge, en quittant la montagne de la Salette, ne nous avait pas abandonnés à notre ingratitude, à notre indifférence ; Elle tenait à cœur de nous donner encore d'autres avis et de nous fournir un nouveau moyen de sanctification. Douze ans après son apparition au sommet des Alpes, elle vint, en 1858, à la Grotte de Lourdes, au pied des Pyrénées. Bernadette Soubirous est choisie seule pour recevoir ses visions et ses déclarations. La Sainte Mère de Dieu lui apparaît dix-huit fois, en présence d'une foule qui ne voit que le reflet de la vision sur le visage de la voyante, sans rien voir elle-même.

Dans cette apparition à Lourdes, la Sainte Vierge se montre souriante et répond à l'enfant qui lui demande avec instances de lui dire qui elle est : Je suis l'Immaculée Conception.

Et comme le dit M. Lasserre dans son ouvrage célèbre sur cette apparition, la Sainte Vierge ne dit pas : Je suis Immaculée, pure, belle. Je suis la Conception Immaculée. Je suis la pureté, la beauté même.

A la Salette, les trois premiers commandements de Dieu sont visés seulement, et cependant il y avait beaucoup à dire sur les sept autres ; non pas à des enfants comme les premiers témoins, ni à cette innocente créature de Lourdes, et voilà qu'avec cette délicatesse et ce tact de grande Dame, par la déclaration qu'elle fait de son Immaculée Conception, la Sainte Vierge proteste indirectement contre les désordres qui affligent et humilient la société par la non observation des autres commandements de Dieu, relatifs à la pureté du corps et de l'esprit. Ces désordres doivent être réprimés et celui qui ne veut plus offenser Dieu, mais contenter sa Sainte Mère, doit conserver la pureté recommandée par les sixième, neuvième et dixième commandements.

Il est facile de nous rendre compte que la mission de la Sainte Vierge, manifestée à Lourdes, n'a pas obtenu un effet plus général que celui que produisit celle de la Salette, puisque le mal moral n'a pas diminué assez pour arrêter la punition divine; mais il faut ajouter que néanmoins le nombre de ceux qui ont cru en la présence réelle de la Sainte Vierge a été fort grand, car de nombreux pèlerinages se sont organisés et sont arrivés péniblement au sanctuaire de la Salette, où le calme et le recueillement invitent toujours l'âme à s'adresser à Dieu aussi bien qu'à Marie.

C'est presque sans interruption que des flots de pèlerins sont arrivés à Lourdes pour y donner le spectacle de ces manifestations imposantes qui frappent l'imagination en réveillant si bien la foi.

Dans chacun de ces lieux bénis, la Sainte Vierge a fait jaillir une fontaine, dont les eaux miraculeuses rendent la santé aux malades qui viennent prier avec ferveur pour obtenir leur guérison, et chaque année un grand nombre de miracles sont opérés par la bonté de la Sainte Vierge.

Ceux qui ont la foi réfractaire et une confiance illimitée dans leur raison et leur science n'admettent pas facilement la vérité ni même la possibilité de ces apparitions, parce qu'elles ne peuvent s'expliquer physiquement. Ils pensent qu'il ne peut y avoir que les personnes malades de corps et d'esprit qui mettent leur confiance dans ces faits surnaturels auxquels la dignité d'un homme ne peut se soumettre.

Ceux au contraire qui ont bénéficié de la guérison

miraculeuse, ceux mêmes qui n'en ont été que les simples témoins, ont une opinion et une foi tout autres. Ils rendent publiquement des actions de grâces, et pour témoigner leur reconnaissance, ils offrent spontanément des dons, tant en nature qu'en argent. Aussi a-t-on pu édifier bientôt ces deux belles basiliques, dont chacun a pu admirer les richesses et la splendeur.

Les hommes instruits connaissant la valeur de la logique et qui auraient de la difficulté à croire, pourraient bien dire s'ils le voulaient :

Je comprendrais bien qu'il y eut, en France, quelques exaltés dévoyés par les pratiques religieuses, se laissant aller à des croyances qui ne leur imposent aucun sacrifice; mais voilà des multitudes de tout âge, de tout sexe, de toute nationalité, qui accourent dans ces lieux sanctifiés par la présence de la Sainte Vierge, ne regrettant ni le temps, ni les frais du voyage; mais donnant encore leur argent : cela dépasse tout à fait les idées du jour. Il doit donc y avoir quelque chose d'extraordinaire, et puisqu'il n'y a pas d'effet sans cause, l'effet connu étant considérable, la cause qui l'a déterminé doit être proportionnellement considérable.

Voilà comment la vérité des apparitions de la Sainte Vierge se trouve confirmée par les sacrifices que s'imposent les personnes qui, ayant eu recours à Elle, ont été exaucées au-delà de leurs espérances. L'argent donné prouve la foi et la reconnaissance, comme le sang des martyrs a prouvé autrefois la vérité de leurs convictions et la sincérité de leur foi.

La Sainte Vierge nous a prédit des malheurs qui se sont tous réalisés ; Elle nous a promis la clémence de Dieu si nous nous convertissions par une sincère pénitence. L'accomplissement de la première partie nous est un garant de l'accomplissement de la seconde.

Au reste, il n'y a rien à cela qui soit contraire aux anciennes traditions. Qui ne connaît l'histoire de Jonas et la conversion de Ninive? Mais ce qui est moins connu, c'est la prophétie de Joël rapportée dans l'épître lue le jour du vendredi des Quatre-Temps de la Pentecôte, et qui nous fait voir que Dieu laisse faire les progrès des siècles, mais pratique aujourd'hui, comme dans les premiers temps, les mêmes moyens pour faire rentrer dans le devoir les peuples qui s'en écartent au-delà d'une certaine mesure, car nous savons qu'en aucun temps le bien pas plus que le mal n'a été général.

Donc Joël disait, chapitre II, verset 23 : Voici ce que dit le Seigneur Dieu : « Filles de Sion, tressaillez « d'allégresse, réjouissez-vous dans le Seigneur votre « Dieu, parce qu'il vous a donné un Maître de la justice « (un bon gouvernement) et qu'Il fera descendre sur « vous les premières et les dernières pluies, comme il « l'a fait au commencement.

« Vos greniers seront remplis de blé et vos pressoirs « regorgeront de vin et d'huile.

« Je vous rendrai les années qui ont été mangées par « la sauterelle, par le hanneton, par la nielle et par la « chenille qui ont été les instruments de ma puissance « que j'ai exercée contre vous.

« Vous vous nourrirez de tous ces biens et vous en « serez rassasiés et vous louerez le nom du Seigneur « votre Dieu qui a fait des œuvres merveilleuses parmi « vous, et mon peuple ne tombera plus jamais dans la « confusion.

« Vous comprendrez alors que c'est moi qui suis au « milieu d'Israël et qu'il n'y en a point d'autre que moi. »

Si du temps de Joël les quatre insectes désignés ont été les instruments de la puissance de Dieu, exercée contre le peuple insoumis, nous savons que de notre temps, l'Altise, l'Eumolpe, la Pyrale et le Phylloxera sont les moyens de destruction que Dieu emploie pour nous montrer cette même puissance dirigée aujourd'hui contre nous.

La crainte de Dieu est le commencement de la sagesse. L'amour de Dieu serait de beaucoup préférable, mais enfin quand la crainte est devenue nécessaire, faute d'amour suffisant, il faut bien que Dieu agisse par ce moyen, en graduant les calamités selon notre force de résistance. La destruction des fruits n'ayant pas suffi pour nous ramener à Lui, Il détruit nos vignes, et depuis dix ans que cet effet se produit, sommes-nous devenus meilleurs ?... Avons-nous seulement songé qu'il fût la Puissance qui dirige contre nous toutes ces migrations souterraines ou ailées qui franchissent l'espace et qui, toujours invisibles, viennent détruire la cause de nos richesses, c'est-à-dire de notre orgueil et de notre égoïsme. Avons-nous songé à nous adresser à Lui d'une manière publique et générale, comme notre démoralisation avait été publique et générale, comme le fléau a été public et général ?

Non, personne n'y songe ; on préfère, après les essais infructueux laissant l'homme dans son état d'infériorité dans cette lutte contre les fléaux de Dieu, chercher encore la force et le moyen de le vaincre dans la science qu'Il a faite et que l'homme a seulement découverte.

Et pendant ce temps les vignobles disparaissent et le cercle de la destruction va s'agrandissant toujours, tandis qu'il y a dans la province d'Astrakan, sur les rives de la mer Caspienne, aux bouches du Volga, la peste noire que Dieu tient en réserve pour nous l'envoyer, si ses premiers moyens ne suffisent pas. Alors, on aura beau établir les quarantaines dans les ports, les cordons sanitaires aux frontières, un souffle d'Orient apportera sur ses ailes les milliards d'animalcules que les savants croient être la cause des épidémies de la peste et du choléra ; nous absorberions ces animalcules par la respiration et la mort serait d'autant plus violente que la dose de ce poison absorbé aurait été plus grande.

Si ce nouveau malheur nous atteignait, il produirait une panique terrible avec toutes ses conséquences, et ce ne seraient plus nos vignes, nos richesses et nos plaisirs qui seraient en danger, c'est notre existence qui suivrait celle de nos souches.

Tout cela n'est pas du domaine de l'imagination ; c'est tout simplement un corollaire de ce qui a eu lieu jadis, de ce qui existe même aujourd'hui. Ce ne serait pas la première fois que la peste étendrait ses ravages en Europe. Nous ne souhaitons nullement de devenir prophète de malheur; mais nous voudrions bien faire ce qui dépend de nous pour éviter les effets de la colère et de la justice de Dieu afin de renverser en notre faveur les effets de cette justice, comme le mécanicien renverse aujourd'hui la vapeur qui conduit à l'abîme, la locomotive d'un train déraillé.

La déduction que nous devons tirer de tout ce que nous venons de dire de la puissance de Dieu sur l'homme et des moyens qu'Il emploie pour le maintenir ou le ramener dans les voies qu'Il a limitées à sa nature, c'est de nous soumettre à sa puissance, à sa miséricordieuse bonté, en recourant à la prière et au sacrifice volontaire.

Le Phylloxera existant n'est qu'un effet produit, créé par une cause qui est Dieu.

Jusqu'à présent, nous avons attaqué l'effet que nous avons pris pour la cause de la mort de nos vignes, tandis que ce puceron phylloxera n'est que l'instrument de la cause qui n'est autre que Dieu, mise en mouvement elle-même par la cause primordiale de nos égarements.

Quand une locomotive s'est engagée dans une fausse voie, elle est obligée de rebrousser chemin pour reprendre la bonne. Remontons nous-mêmes au point de départ de notre conduite, changeons de voie, prenons la bonne et faisons notre traité de paix, non pas avec le puceron, mais avec le chef suprême de l'Univers, notre Dieu qui l'a créé et envoyé.

Ayons recours à la prière publique, parce que nous l'avons déjà dit, le mal étant devenu public, il faut un remède proportionné à son étendue.

On voit immédiatement que nous n'inventons rien, la prière publique ayant été pratiquée dès les premiers âges et s'étant continuée jusqu'à nos jours sans rien perdre de son efficacité.

La prière publique est une reconnaissance et une manifestation de la puissance de Dieu, constatant son autorité. Car on ne demande des grâces et des faveurs qu'à celui qui se trouve dans une position supérieure, pouvant disposer des biens qu'on lui demande. C'est une soumission exigée. Quel est le père de famille qui ne désire et ne veuille donner à chacun de ses enfants ce qui est nécessaire?... Et cependant il tient à ce que son autorité soit maintenue par la soumission de l'enfant qui doit faire la demande et remercier quand il a reçu.

Durant sa vie mortelle, Notre Seigneur nous a bien

souvent recommandé la prière, Il nous en a donné une formule toujours admirable et Il nous a fait les promesses les plus solennelles sur l'efficacité de la prière faite avec ferveur et persévérance. Il nous a dit : Demandez et vous recevrez, Cherchez et vous trouverez, Frappez et il vous sera ouvert. Et Il a assuré que dans ce monde tout pourra passer, mais que ses paroles ne passeront point.

Il peut arriver qu'un grand de la terre laisse protester sa signature ; mais la promesse de Dieu est certainement accomplie.

Si les biens spirituels et moraux sont les plus précieux, Dieu nous permet aussi de lui demander des biens temporels, puisque dans l'oraison dominicale Il nous fait demander notre pain quotidien. Nous pouvons donc et nous devons même lui demander de conserver les fruits de la terre qui forment la base de la richesse des peuples.

Sans remonter bien loin pour aller chercher les bons effets de la prière publique, nous offrons comme faits contemporains la conduite de l'Angleterre pendant le soulèvement des Indiens en Asie et la guerre qui en fut la suite. Sa Majesté la Reine, d'accord avec son Ministre, désirant éviter l'effusion du sang de ses sujets Indiens quoique révoltés et de ses sujets Anglais, ordonna un jeûne et des prières publiques. Peu de temps après la révolte cessait et la paix était rétablie dans le vaste empire. Plus récemment encore, le Prince de Galles, héritier présomptif de la couronne, était atteint d'une fièvre typhoïde présentant des symptômes de mauvaise nature, la reine, mère du malade, alarmée, demande à ses sujets le bienfait de la prière publique et immédiatement après la maladie change de caractère, la convalescence ne tarde pas à survenir.

En France encore, en 1871, pendant l'insurrection de l'armée de la commune à Paris, l'Assemblée réunie à Versailles est émue par cette guerre fratricide ayant pour joyeux témoins les ennemis qui nous avaient écrasés. Elle vote des prières publiques, et le jour même de leur célébration l'armée régulière faisait son entrée à Paris. Chacun peut se rappeler ce fait ou le vérifier dans les journaux de cette époque.

Est-ce que pendant les années de grande sécheresse durant lesquelles les récoltes sont compromises, on ferait des processions et des prières en invoquant l'intercession des saints, si l'expérience n'avait prouvé que Dieu a très souvent égard à ces prières pour envoyer la pluie avant même que les prières soient finies?

Si nous entrons dans ces détails, c'est parce que nous sommes dans un temps où ceux qui veulent paraître incrédules ne se gênent guère pour soutenir que la pluie est motivée par des influences climatériques qui ne sont plus du domaine de Dieu. Que demander le pain quotidien quand nous avons le blé dans les greniers et les billets de banque dans notre caisse, flanqués de titres de rente française, c'est tout bonnement de la farce. Mais ce qui ne l'est pas, c'est que souvent les coffres-forts se vident plus vite qu'ils ne se sont remplis et que l'homme, atteint d'une gastrite chronique pour avoir voulu trop jouir, ne peut pas digérer le pain qu'il n'a pas voulu demander et marche vers la mort avec le regret de ne pouvoir jouir des richesses dont il n'a pas voulu connaître la source, en attendant que ses enfants les versent dans le fleuve qui les jette à la mer.

Nous ne devons pas nous préoccuper de ceux qui veulent nier l'efficacité de la prière publique et ne pas s'y réunir, c'est un détail ! La majorité sait bien à quoi s'en tenir malgré les apparences de l'indifférence.

Les principes étant établis, il s'agit maintenant de les appliquer et de les mettre en pratique par le moyen d'une organisation à la portée de tous les propriétaires intéressés.

D'abord pour une prière publique, il faut l'autorisation et l'approbation de Monseigneur l'Evêque, donc lui en faire la demande, et être d'accord avec ses collaborateurs, c'est-à-dire les pasteurs des communes. Cela implique une organisation centrale ayant son siége à Perpignan où il se trouve plus facilement des hommes instruits, intelligents et dévoués pour le bien public, pouvant former le comité de direction.

Cette association de prières prendrait le titre de :

Ligue contre le Phylloxera.

Les ramifications s'étendraient sur chaque commune viticole du département, et dans chacune, il y aurait une sous-commission chargée de recueillir les adhésions des propriétaires qui voudraient faire partie de la Ligue, prenant pour base le retour franchement accentué vers les pratiques religieuses. Donc, avant tout, il faudrait vouloir s'astreindre à l'observation du dimanche et des fêtes réservées, sans travailler, ni faire travailler pendant ces jours du Seigneur, et assister à une messe, puisque le commandement de l'Eglise impose cette obligation. Ces conditions pourront paraître bien gênantes pour ne pas dire tyranniques à quelques-uns. Cependant les Anglais, qui sont des gens d'affaires plus consommés que nous Français, et qui apprécient la valeur du temps puisque c'est de leur pays que nous vient ce dicton : « Le temps c'est de l'argent, » ne travaillent pas le saint jour du dimanche. Et de plus, la poste ne distribue pas les lettres, retient les courriers, et les immenses steamers, prêts depuis la veille, attendent dans le port que l'heure des offices soit passée, avant de prendre le large et d'aller affronter les dangers de la navigation. Les magasins sont fermés et les restaurants n'ouvrent leurs portes qu'à la fin du jour, alors que tous les offices sont terminés. A plus forte raison n'est-ce pas le bruit de la musique des bals publics qui arrive dans la rue, comme dans nos villes et nos villages pendant qu'on chante vêpres et qu'on donne la bénédiction dans les temples du Seigneur.

Quand cette observation rigoureuse se pratique dans tout le Royaume-Uni, nous pouvons, nous, faire cette observation mitigée, même durant les vendanges, qui peuvent se prolonger un jour ou deux sans nul inconvénient ; mais pour cette particularité chacun serait juge de ce qu'il devrait faire selon les circonstances et selon ses moyens d'opérer la rentrée de la récolte.

Des prières publiques spéciales seraient demandées à Monseigneur l'Evêque, qui aurait à déterminer la forme et la solennité. Elles auraient lieu à Perpignan dans la basilique, en même temps que dans l'église des communes rurales pour les membres qui ne pourraient assister à la manifestation majeure où feraient bien de se rendre tous ceux qui le pourraient.

Tout en demandant ces prières publiques spéciales, les membres de la Ligue contre le Phylloxera ne devraient pas perdre de vue qu'il se fait tous les ans des prières publiques communes, le 25 avril, jour de Saint Marc, le 3 mai, fête de l'Invention de la Sainte Croix, et les trois jours des Rogations qui précèdent la fête de l'Ascension. Pendant ces cinq jours, l'Eglise envoie ses ministres en procession dans la campagne pour bénir les récoltes, en écarter les fléaux et demander que le bon esprit règne parmi les hommes.

Malheureusement ces prières n'ont pas le mérite d'attirer beaucoup d'assistants, et d'ordinaire le Curé suivi de quelques personnes va prier pour le compte des intéressés qui jugent inutile d'aller faire preuve de foi et perdre une heure chaque matin de ces cinq jours. Cependant les prières qu'on fait pendant ces processions sont instituées depuis longtemps pour tous les besoins de nos biens et de nos récoltes. Donc chaque membre de la ligue devrait assister à ces bénédictions des récoltes ou s'y faire représenter par un membre de sa famille, s'il ne pouvait y assister lui-même. Ce serait peut-être dur pour quelques-uns, mais aussi ce serait efficace.

Dans chaque commune, la commission de cette œuvre formerait une liste sur laquelle les adhérents poseraient leur signature et un ou deux membres de la commission certifieraient dans la case correspondante du nom du propriétaire illettré qui ne saurait pas signer.

Ces conditions sont les principales parce qu'elles constituent la conduite que nous devons avoir par rapport à Dieu.

Jusque-là, il n'y a qu'un sacrifice demandé à l'esprit indépendant de l'homme ; mais il faudrait encore, pour prouver la sincérité du retour vers Dieu, que le sacrifice matériel confirmât le sacrifice moral en le complétant. Pour atteindre ce résultat, nous devrions prendre sur la cause première de nos travers, les éléments de notre réhabilitation, c'est-à-dire faire une large aumône qui serait affectée aux bonnes œuvres pour racheter notre indifférence et nos fautes.

Cette aumône, nous la prendrions dans le produit net de la vigne tant qu'elle nous serait conservée et que le Phylloxera résiderait dans le département. Par produit net, nous entendons, défalcation faite des frais de culture, de soufrage, de vendange, etc., quand la vente du vin aurait été faite. Et quant à la part, nous la voudrions fixée au dixième du produit, sans craindre les hauts cris ni les allusions malignes du retour vers l'ancienne dîme. Plus l'aumône nous coûterait, plus elle aurait de mérite puisqu'elle serait volontaire.

Au reste, si nous demandions aux anciens propriétaires des beaux vignobles détruits qui produisaient des milliers d'hectolitres et qui aujourd'hui ne suffisent plus pour la consommation de la ferme, s'ils consentent à abandonner 10 p. 0/0 du produit net, avec la condition de leur procurer un moyen de rétablir leurs vignobles, quel est celui qui ne trouverait ce marché excessivement avantageux et ne voudrait même donner davantage?

Nous avons encore la faculté de faire ce marché. Nous n'aurons rien à débourser, car nous n'aurons qu'à prendre une part sur dix, de ce qui nous aura été donné, et si le Phylloxera nous atteignait, notre don diminuerait proportionnellement jusqu'à ce qu'il serait réduit à rien quand le net produit serait nul. De cette façon, nous ne désirerions qu'une chose, c'est que la part à donner fut bien grande, sachant que la nôtre serait neuf fois plus considérable.

Les Membres de la Ligue ne seraient soumis à aucune investigation : leur remise serait secrète, mise dans une urne à plusieurs clefs qu'on confierait à divers membres de la sous-commission communale. Seulement un membre, délégué pour recevoir ces remises, inscrirait le nom du dépositaire, en indiquant la date, sans désigner la somme alors même qu'elle fut déclarée.

Par ce procédé secret, nul ne serait exposé aux commentaires de ses collègues pour savoir ou dire si le dixième a été versé tout ou en partie.

En admettant la conservation de nos vignes et le versement du produit net, les sommes destinées aux bonnes œuvres seraient réellement considérables et leur emploi serait effectué de la manière suivante :

Un tiers pour la France, consacré à l'Œuvre Réparatrice du Vœu National de l'Eglise monumentale dédiée au Sacré-Cœur de Jésus sur les hauteurs de Montmartre, pour laquelle il faudra tant de millions.

Un tiers pour les Œuvres diocésaines dépendant de l'évêché : les Séminaires, l'Ecole du Sanctuaire, les monuments religieux, les couvents, les hospices, etc.

Un tiers pour les besoins religieux de la commune, principalement pour l'église ; son mobilier devant être convenable pour les exercices du culte.

Quelles grandes choses on pourrait accomplir avec ces moyens !..... Et aussi quelle puissante recommandation pour nous adresser à Dieu qui a dit que l'aumône effaçait beaucoup de péchés et qui a promis à ceux qui s'assembleraient en son nom pour prier d'être au milieu d'eux et de les exaucer.

Si nous remplissons les conditions que nous avons désignées pour contrebalancer avec avantage la somme du mal qui règne sur la terre, la main de Dieu cessera de s'appesantir sur nous. Le fléau, qui a fait tant de victimes et qui nous menace de si près, passera sans nous atteindre, car le but pour lequel il est envoyé sera accompli : nous nous serons soumis à Dieu et nous l'aurons prouvé par notre double sacrifice. Si au contraire nous attendons que la mort soit arrivée dans nos vignes, malgré les exemples que nous avons sous les yeux, malgré le moyen facile et à la portée de tous que nous proposons maintenant, nous craignons que les regrets soient d'autant plus vifs et sérieux, que nous croyons avoir démontré la nécessité de le mettre en pratique au moment du danger.

Les savants spécialistes ne manqueront pas de continuer à nous faire de longs rapports sur l'efficacité des remèdes qu'ils ont inventés ou des procédés nouveaux pour les rendre plus efficaces; mais, tandis que notre attention s'arrêtera sur toutes ces propositions, nos vignes en succombant sous les attaques du vivace puceron se chargeront de leur infliger un nouveau démenti et de prouver l'inanité des moyens trouvés pour s'opposer à la volonté de Dieu, bien manifeste de poursuivre la punition qu'Il veut nous infliger.

Pour que les propriétaires viticulteurs puissent faire leur adhésion, il faut qu'ils connaissent parfaitement les causes, les moyens et le but de cette œuvre comme nous les avons développés dans cet opuscule, mais tous n'ont pas le temps ni la patience de lire des pages trop longues; alors la manière la plus pratique de développer et de faire accepter ces idées, serait de provoquer une réunion aussi nombreuse que possible dans chaque commune susceptible de la former. Dans cette réunion, un membre, pénétré au préalable de la bonté de l'œuvre et des arguments à produire, prendrait la parole pour donner les explications nécessaires à tous ceux qui en auraient besoin. Les petites localités, où le personnel peu nombreux n'offrirait aucun homme qui voulut affronter de parler en public, auraient la faculté de se joindre à la réunion d'une localité voisine plus importante. Ou bien, un membre déjà pénétré de la question, irait tenir la parole pendant quelques instants pour faire connaître l'œuvre aux illettrés ou aux personnes âgées qui trouvent plus commode d'apprendre une question par la relation de la parole que par la lecture.

Au reste, nous ne devons pas oublier que le centre de l'action étant à Perpignan, il y aurait là un groupe d'hommes capables de se détacher pour aller dans les localités et parler dans les réunions comme on le fait quand il s'agit d'une élection politique qui n'offre pourtant pas au pays la même utilité que la Défense contre le Phylloxera.

Cependant la bonté du but ne doit pas nous faire négliger de nous mettre en règle avec les autorités administratives afin que ces réunions soient légalement autorisées, car ce n'est pas en commençant par nous mettre en contravention avec les règlements que nous pourrions bien asseoir les fondements d'une bonne entreprise.

La Ligue contre le Phylloxera s'adresse à Dieu, qui est un Père plein de tendresse pour tous et qui accepte la prière et l'aumône de tout le monde, sans avoir égard à la nuance de la cocarde politique. Pourvu que le cœur et les intentions soient bonnes, il ne repousse personne. Nous devons donc éloigner toute idée de parti pour notre œuvre, mais chercher seulement à améliorer notre conduite pour servir un même et souverain Maître et sauver la prospérité de notre position, privée sans doute, mais formant aussi la prospérité commune du pays.

Pour concourir à un but aussi noble que lucratif, nul

ne doit craindre de se mettre en avant, comme nul ne doit avoir le droit d'en repousser un autre.

Il n'est ni nécessaire, ni indispensable qu'un homme soit dévot ou pratiquant pour faire partie de cette Ligue. Il faut toujours débuter par un commencement ; il n'est donc défendu à personne de faire des bonnes œuvres et de prier ou même seulement de s'unir aux prières des autres. La prière n'a pas été recommandée autant à ceux qui n'ont aucun besoin à satisfaire qu'à ceux qui sont dans la peine et la nécessité. Toute bonne œuvre produit un mérite relatif, c'est-à-dire que pour une œuvre identique, il y a bien plus de mérite pour celui qui n'en fait pas d'habitude, que pour celui qui en pratique depuis longtemps. Ce mérite, que chacun a pu reconnaître dans le témoignage de sa conscience, nous est démontré d'une manière bien évidente dans la vie de Saint Boniface, dont on fait mémoire au 14 mai.

Saint Boniface n'était pas saint dans sa jeunesse, tout au contraire sa vie était souillée par toute espèce de désordres. Mais tandis qu'il se sentait humilié et abaissé par l'excès de ses débauches, il cherchait à se relever par de bonnes œuvres qu'il exerçait avec beaucoup de charité. Allant dans les rues de Rome, à la recherche des pauvres et des voyageurs en détresse, il les recueillait dans l'hôtel de son maître, où il leur prodiguait tous les soins que nécessitait leur position. Cette seule qualité charitable et compatissante lui valut de Dieu le pardon de ses péchés. Il se releva converti et après avoir soutenu les pauvres, il voulut aller soutenir les martyrs dans leurs tourments et il finit par être martyr lui-même, offrant sa vie pour effacer ses péchés et servir d'exemple à ceux qui peuvent douter du mérite des bonnes œuvres, faites même quand on n'est pas dévot,

Celui qui commencera par entrer dans l'œuvre de la Ligue pourra aussi recueillir le mérite de ses bonnes œuvres, car la vie est accidentée et rarement un moment critique y fait défaut.

La religion de Notre Seigneur Jésus-Christ est le but vers lequel nous devons tendre. Elle est basée sur la Charité, pensant toujours bien, prenant tout en bien, évitant tout ce qui pourrait faire de la peine à nos frères ; nous occupant de Dieu et du Phylloxera et nullement de la politique ; laissant à chacun ses opinions et ses convictions, puisque nous savons que l'esprit de l'homme est d'une variété infinie. Alors même que les idées tendent à atteindre le même but, elles sont comme les vagues qui viennent toutes aboutir sur une même plage : qu'elles soient clapotantes ou mugissantes, elles y arrivent toutes avec une forme différente.

Nous n'espérons pas, néanmoins, que la bonté et la nécessité de cette œuvre suffisent à lui obtenir une approbation générale, et nous savons déjà qu'il y en aura qui la repousseront par leur force d'inertie, tandis que quelques autres, dans la crainte de devoir donner de l'argent, seront choqués de la voir se produire et ne voudront, par conséquent, y attacher aucune confiance, se faisant illusion, en espérant que le Phylloxera perdra sa force destructive à mesure qu'il s'étendra sur de plus vastes surfaces, laissant indemmes certaines parties des vignobles envahis ; que ces parties conservées pourront bien être les leurs, et que si on peut laisser passer cette épreuve sans rien changer à ses habitudes d'indifférence et de conservation des valeurs réalisées, ce sera beaucoup plus commode que de se faire connaître comme un membre de cette Ligue et surtout de donner des sommes dont on trouve un placement si facile pour les membres de sa famille.

Nous nous attendons encore à ce qu'une troisième catégorie de personnes, se croyant subtiles, se tiennent à elles-même le raisonnement suivant : Puisque Dieu dans sa conduite envers les hommes fait rarement des distinctions, qu'Il fait pleuvoir pour les uns comme pour les autres et luire son soleil pour tout le monde, il est probable qu'Il ne fera pas non plus de distinctions pour conserver les vignes des membres de la Ligue, pendant qu'Il laisserait mourir celles des résistants. Donc, si la Ligue contre le Phylloxera ne doit obtenir aucun bon résultat, nous aurons le double avantage d'avoir eu raison et de n'avoir rien donné. Les autres, au contraire, auront obtenu la déception et auront payé par-dessus le marché.

Si les vignes sont épargnées, grâce aux prières et aux aumônes de la Ligue, nous en profiterons comme les autres, sans qu'il nous en ait coûté la moindre obole.

Franchement, il faut avouer que toute l'habileté se présente du côté des résistants et toute la duperie du côté des adhérents.

Mais cette duperie nous la connaissons tous, et la première dupe de ce genre a été Notre Seigneur Jésus-Christ lorsqu'Il voulut se sacrifier et mourir pour les hommes qui lui en témoignèrent leur reconnaissance de la manière que l'on sait. Les apôtres et tous les innombrables martyrs ont été également des dupes ; il en fut de même de N. S. archevêques de Paris, Affre et Sibour, de Mgr Darboy et de tous ses compagnons d'infortune. Le soldat qui, en campagne, ne sait pas se mettre à l'abri d'un mur ou de n'importe quel obstacle, ou bien rester en arrière, est encore une dupe. Et celui qui fait l'aumône, n'est-il pas une dupe ? Il ne connaît pas ses intérêts qui lui conseillent de garder son argent. Enfin pour couronner le système, il faudrait établir un ordre de mérite afin de récompenser les plus habiles, c'est-à-dire les plus égoïstes à conserver leur argent et leur personne.

Tout cela serait de l'habileté, si Dieu n'était pour rien dans nos affaires; mais c'est Lui qui sonde les cœurs et les consciences, c'est Lui qui récompense au centuple les pauvres d'esprit qui savent se dévouer et prier, et c'est Lui qui laisse dans l'inanité de leurs ambitions les habiles du siècle. Dieu a mille moyens pour donner et pour retirer ses dons variés : les peines du cœur dans ce monde et celles qu'Il peut infliger dans l'autre sont de nature à modifier bien des situations et à former de douloureuses compensations.

Nous n'avons dit tout cela que pour établir le contraste entre le dévouement franc et loyal et l'égoïsme raffiné. Mais cette subtilité est rare, heureusement. Nous devons avoir des sentiments plus charitables ; ne pas juger les motifs qui engagent tel ou tel autre à rester en dehors de la Ligue ; nous devons supposer qu'il en a de bons et nous n'avons aucune raison de nous croire meilleurs que lui. Nous devons respecter sa manière d'apprécier et de faire, pour qu'il respecte la nôtre, et nous devons éviter tout esprit de parti, même celui de la Ligue et celui contre la Ligue.

De même qu'il y a la liberté absolue d'aller à la messe pour sauver son âme, ou de ne pas y aller, il doit y avoir la liberté d'aller à la Ligue pour sauver sa vigne du Phylloxera ou de ne pas y aller sans être en butte à aucun commentaire malveillant. Il suffit qu'il y ait une majorité assez bien formée pour attirer sur le pays les miséricordes de Dieu et le faire participer tout entier au bienfait d'être délivré du fléau qui nous atteint. Pourquoi donc ne pourrions-nous pas espérer que les communes qui voudraient s'associer de bonne foi et par une majorité bien accentuée, ne seraient pas à l'abri du fléau, sans exception aucune pour les propriétaires qui auraient cru devoir s'abstenir ?

Les hommes animés d'un esprit pratique auxquels nous avons communiqué notre projet, reconnaissent que ce serait un moyen d'autant plus puissant pour réussir auprès de Dieu qu'il taillerait dans le vif de ce qui forme le côté le plus défectueux de notre société actuelle : le manque de pratiques religieuses, de respect à l'autorité, de dévouement par des actes généreux. Aussi les jeunes générations mises sous l'influence de ces sentiments et de cette manière d'agir ont une allure qui ne promet guère de faire la consolation des pères et mères de famille.

Il ne saurait en être autrement quand nous voyons les feuilles publiques, qui font la principale nourriture intellectuelle des populations actuelles, trouver d'autant plus de lecteurs qu'elles montrent plus d'extravagance ou de sophismes contre la vraie morale. Pour ne citer qu'un fait récent, qui nous a frappé parce que l'article reproduit était écrit avec beaucoup d'élégance et une modération affectée pouvant tromper facilement et faire croire comme parfaitement vraies les déductions d'un fait complètement faux qui avait servi de base pour la thèse soutenue.

Cet article soutenait que notre religion catholique commandait des pratiques auxquelles tout esprit élevé et possédant la science moderne ne pouvait nullement se soumettre sans déchoir de la dignité acquise, quels que fussent les exemples donnés précédemment par les vieux parents et par les pieuses exhortations d'une mère, car Notre Seigneur Jésus-Christ avait dit (voici la base) aux Noces de Cana, en parlant à sa mère, ces dures paroles : Femme, qu'y a-t-il de commun entre vous et moi ?

Or, quand le jeune homme se sera soustrait aux attentions maternelles pour aller sur les bancs des écoles ou des facultés, changer la nature de son esprit pour le mettre à la portée de cet horizon scientifique inaccessible à tant d'autres, et qu'il reviendra ensuite transformé auprès de sa mère qui voudrait encore le voir accomplir des actes religieux, n'aura-t-il pas le droit de lui répondre, comme Notre Seigneur à la très Sainte Vierge : Femme, qu'y a-t-il de commun entre vous et moi ?

Notre Seigneur était Dieu. Il répondait ainsi à sa mère qui ignorait que l'heure de son fils n'était pas encore venue. Cependant, par déférence, par obéissance à cette mère traitée si durement en apparence, il avance son heure et opère le premier miracle pour affirmer, la première fois aussi, la puissance de l'intercession de cette Mère, devenue plus tard la nôtre.

Le fils savant au moyen des trois diplômes est également devenu Dieu, il peut renier l'autorité affectueuse et dévouée de sa mère, la repousser durement contre le quatrième commandement de Dieu et refuser de se soumettre à son Créateur et Maître en rejetant les obligations qu'Il impose.

C'était sur la base absurde que la science équivaut à la Divinité que tout cet article était monté très élégamment sans qu'on se doutât qu'on recommandait un blasphème et une absurdité.

Des articles semblables, il y en a tous les jours à foison ; aussi combien de belles et nobles intelligences voyons-nous égarées.

Il est bien entendu que l'esprit public, ce qui forme actuellement le courant de l'opinion, n'est guère tourné vers l'intervention de la Providence. On sait bien qu'il en existe une, mais à force d'oublier de s'adresser à Elle, et de croire que toute la prospérité de nos affaires et de nos récoltes provient de notre savoir et de nos soins intelligents, nous avons fini par nous persuader qu'Elle n'était pour rien dans notre bonheur comme dans notre malheur ; nous avons cru qu'il suffisait d'opposer à la lutte notre science, notre activité et notre argent en remèdes matériels pour avoir raison de tous les contre-temps.

Il y en a même qui disent que le Phylloxera survenu dans les vignes n'est qu'une conséquence naturelle de toute agglomération engendrant avec elle les épidémies qui doivent produire la dispersion. Les armées en campagne, les animaux trop concentrés, les végétaux trop multipliés, étant soumis à cette loi, le Phylloxera est produit par la plantation exagérée de la vigne.

Ces Messieurs confondent les lois physiques stables qui régissent le monde matériel, avec les lois morales qui sont variables comme la volonté de l'homme qui demeure le maître, par sa conduite, d'attirer sur lui la punition ou la récompense que Dieu exerce par sa justice variant selon les actes.

D'après cette théorie, le meilleur remède contre le Phylloxera serait d'aller au-devant de ses effets, en détruisant les vignes trop nombreuses formant grande agglomération ou de les laisser périr fatalement. Faire l'application des remèdes scientifiques c'est inutile, faire des prières à Dieu, c'est vouloir lui demander le renversement des lois contre les agglomérations.

On ne tient aucun compte que les grandes villes, comme Paris avec ses deux millions d'habitants et Londres avec ses quatre millions, forment des agglomérations au milieu desquelles l'homme vit comme ailleurs, pourvu qu'il observe les règles générales de l'hygiène. Au reste, en fait d'agglomérations, il faut reconnaître que celle du Phylloxera, réuni par centaines de mille sur un seul cep au milieu de tout un vignoble envahi, doit avoir une importance peu commune dans l'espèce, et qu'il est étonnant qu'un choléra spécial ne se soit pas encore manifesté au milieu de ces multitudes innombrables.

Toutes les idées peuvent se produire avec un semblant de raison, mais toutes ne peuvent pas soutenir la discussion.

Ces dispositions doivent contribuer à faire accepter nos idées et nos propositions avec beaucoup de froideur et même de répulsion, comme en inspirent tous les remèdes amers et tous les sacrifices. Mais le fait principal continue toujours son chemin, ainsi que le flot de l'inondation ; on l'entend mugir dans le lointain et lorsqu'on veut fuir, il n'est déjà plus temps : l'eau a tout envahi.

Le Phylloxera, qu'on a cantonné par les moyens infaillibles que l'on sait, fait sa descente irrésistible : il est déjà loin des barrières qui devaient l'enfermer. On a beau vouloir être superbe et confiant, le fait brutal confond toutes les illusions. C'est pourquoi, celui qui, dans sa quiétude, aurait souri de nos moyens, les trouvera bons à mettre en pratique au moment de la détresse, et ce n'est pas sans un puissant motif qu'on peut se résoudre à mortifier son esprit, ses habitudes et surtout à délier sa bourse. Comme ce puissant motif existe, et qu'il faut aux grands maux les grands remèdes, nous croyons nos idées devenues à l'état pratique, non pas d'abord par goût, mais par nécessité. Or cette nécessité constate le besoin. Si ce besoin est satisfait, on devra reconnaître l'efficacité du remède, et l'efficacité du remède constitue la confiance, c'est-à-dire, dans ce cas, la foi. L'homme qui a acquis la foi fait ensuite par goût ce qu'il a commencé de faire par nécessité.

Nous avons donc la foi que cette œuvre sera acceptée favorablement dans notre département, parce qu'elle se présente comme une nécessité. Notre département, qui jouit déjà d'une certaine célébrité politique, pourrait s'attribuer l'honneur et la célébrité d'avoir été le premier à opposer le bouclier de la prière publique et du sacrifice au fléau du Phylloxera. Les autres départements, encore possesseurs de leurs vignobles, ne manqueraient pas de suivre cet exemple et d'accepter les principes de la Ligue contre le Phylloxera pour augmenter le nombre de ceux qui veulent revenir à Dieu, pour arrêter le poids de son bras si justement irrité contre les populatious du Midi de la France.

Nous avons dit que le premier lot formé par nos sacrifices serait attribué à la France, représentée par l'Œuvre du Vœu National de l'Eglise dédiée au Sacré Cœur de Jésus sur le sommet de la butte Montmartre à Paris.

A première vue, plusieurs pourront se demander pourquoi envoyer si loin le fruit de nos sacrifices, quand il y a dans le pays tant d'œuvres en souffrance à pouvoir relever. C'est que l'Œuvre du Vœu National est la clef de voûte de tout l'édifice réparateur envers Dieu, elle lui est essentiellement agréable et que d'immenses bienfaits sont attachés en faveur de ceux qui contribuent volontairement à lui offrir cette preuve d'amour et de reconnaissance, et que de toutes les manières de toucher sa miséricorde, celle-ci est la meilleure. Bienheureux seront ceux qui auront contribué à élever ce temple magnifique, qui sera un immense paratonnerre pour abriter la France contre les foudres de la colère divine, et les familles contre les malheurs particuliers qui frappent parfois celles qui ont méprisé dans des occasions solennelles les grâces de Dieu.

Le $^1/_{10}$ du produit net donné en contribution volontaire paraîtra exhorbitant et surtout il ressemblera si bien à l'ancienne Dîme! C'est dur à accepter, tandis qu'il serait si commode de tout garder, comme le garderont ceux qui ne voudront pas entrer dans la Ligue! Mais, nous l'avons dit, tout salaire est proportionné à la somme de travail, tout mérite proportionné au sacrifice, et quand on expose peu, on obtient peu. C'est la règle normale tant qu'elle est maintenue dans certaines proportions et notre quotité n'est pas en dehors de cette proportion.

Si une récolte future pouvait être considérée comme un bien acquis, nous comprendrions la valeur des arguments qui peuvent être produits contre le sacrifice d'une partie de cette récolte pour en faire la part de Dieu ; mais cette récolte n'aura de valeur acquise que tout autant que Dieu, par sa Providence, la conduira à bonne fin. Il est donc le Maître de cette récolte soumise aux influences atmosphériques qui dépendent uniquement de Lui.

En donnant le $^1/_{10}$ nous croyons, nous, être les généreux, tandis que, au contraire, c'est nous qui recevons par sa bonté les $^9/_{10}$. Celui qui est le Maître de tout n'a pas besoin qu'on lui fasse l'aumône de mauvaise grâce; ce qu'il demande avant tout, par-dessus tout, c'est la soumission de notre volonté jointe à une preuve de notre amour pour lui et au sacrifice d'une portion de ce bien matériel auquel nous tenons tant, quoique par des liens légitimes. Il se laisse rarement vaincre en générosité par ses serviteurs, dont le bon cœur lui suffit s'ils savent Lui prouver qu'il est sincère. Il n'a nullement besoin de notre $^{1}/_{10}$ et si, par sa Providence, Il sait donner aux récoltes les $^{10}/_{10}$, rien ne l'empêche d'en mettre $^{12}/_{10}$, quand Il connait nos bonnes intentions. De sorte que nous trouverions tout naturel, selon la bonté avec laquelle il sait agir envers nous, que tout en donnant notre $^{1}/_{10}$ dans une période de cinq ans, nous eussions obtenu par nos $^{9}/_{10}$ une récolte plus abondante, plus rémunératrice que notre voisin se trouvant dans des conditions parfaitement identiques par ses vignes et qui n'aurait rien distrait de ses produits pour les bonnes œuvres contre le Phylloxera.

Nous nous souvenons, à ce sujet, d'avoir lu, il y a bien longtemps, une historiette destinée aux enfants pour établir le contraste entre les caractères opposés de deux petits garçons. Pendant que l'un dépensait en frivolités et en gourmandises tout l'argent que son père lui donnait, l'autre le mettait en réserve pour quelque pieux dessein. Aussi quand arriva la fête de son père, il lui fit cadeau d'une belle tabatière en argent qu'il avait achetée avec ses économies. Le père, ému jusqu'aux larmes, embrassa son enfant, se proposant bien de ne pas rester au-dessous de cet acte de piété filiale.

Dieu qui est aussi notre Père sans cesser d'être notre Dieu, nous récompense en père et en Dieu, lorsque notre piété filiale le mérite.

Telles sont nos idées, trop longuement développées peut-être ; mais nous n'avons pas craint de les produire puisque tous les jours nous voyons tant d'autres idées moins bonnes, moins morales, moins profitables, affronter l'épreuve de la publicité. Notre but a été de provoquer un mouvement de réconciliation vers Dieu par la prière et les bonnes œuvres, comme moyen d'arrêter le fléau dont il nous menace de si près ; et l'incorrection de notre style n'a pas été un motif suffisant pour nous en dissuader, car toute prétention littéraire a été mise de côté. Ce n'est pas d'ailleurs en débutant à soixante ans, alors qu'on en a employé quarante de sa vie à faire des lettres commerciales et des notes agricoles, qu'on pourrait être fondé dans une pareille prétention. Mais la forme est peu de chose quand le fond est bon, et nous maintenons que ce fond est bon parce qu'il n'est pas de nous. Nous n'avons émis aucune idée nouvelle, nous n'avons rien inventé, nous avons seulement rapporté l'opportunité qu'il y aurait à appliquer pour nos maux des moyens aussi anciens que le monde et recommandés par la doctrine de Notre Seigneur Jésus-Christ.

L'esprit de l'homme varie à l'infini, il interprète de mille manières une même chose, une même idée ; mais pour le ramener à l'unité, il n'y a qu'un moyen.

De même qu'au milieu des milliards d'étoiles, il n'y en a qu'une pour servir de guide au navigateur pendant la nuit, l'Etoile polaire, de même il n'y a qu'une doctrine vraie, infaillible, c'est celle de Jésus-Christ, conservée et transmise par son Eglise. Acceptons-là et mettons-là en pratique.

www.ingramcontent.com/pod-product-compliance
Ingram Content Group UK Ltd.
Pitfield, Milton Keynes, MK11 3LW, UK
UKHW020211200726
13856UKWH00004B/1322

9 782013 390354